Jidongche Paifang Wuranwu Jianyan yu Zhili

机动车排放污染物检验与治理

主　编　王智维

副主编　王永忠　严永安　赵宏伟　周劲戈

人民交通出版社股份有限公司

北京

内 容 提 要

本书分为七章,内容包括机动车排放污染物检验法规及相关标准,机动车及发动机的基础知识、机动车排放污染物生成机理及其控制方法、机动车环保检测设备的维护、机动车环保检验操作技术、机动车检验检测机构质量管理、机动车排放污染物超标治理维修。

本书既可作为机动车排放污染物检测从业人员和机动车排放污染物超标治理维修技术人员的培训教材,也可作为机动车环保检验机构及机动车排放污染物维修治理站(M 站)管理人员的参考读物。

图书在版编目(CIP)数据

机动车排放污染物检验与治理/王智维主编. —北京:人民交通出版社股份有限公司,2020.5
ISBN 978-7-114-16372-2

Ⅰ.①机… Ⅱ.①王… Ⅲ.①汽车排放—空气污染控制—检测 Ⅳ.①X734.201

中国版本图书馆 CIP 数据核字(2020)第 034995 号

Jidongche Paifang Wuranwu Jianyan yu Zhili

书　　名:**机动车排放污染物检验与治理**
著　作　者:王智维
责任编辑:张一梅
责任校对:孙国靖　龙　雪
责任印制:张　凯
出版发行:人民交通出版社股份有限公司
地　　址:(100011)北京市朝阳区安定门外外馆斜街 3 号
网　　址:http://www.ccpcl.com.cn
销售电话:(010)59757973
总 经 销:人民交通出版社股份有限公司发行部
经　　销:各地新华书店
印　　刷:北京市密东印刷有限公司
开　　本:787×1092　1/16
印　　张:11.75
字　　数:269 千
版　　次:2020 年 5 月　第 1 版
印　　次:2023 年 11 月　第 5 次印刷
书　　号:ISBN 978-7-114-16372-2
定　　价:32.00 元

《机动车排放污染物检验与治理》
编写组

总策划 赵乐晨　张　洪

主　编 王智维

副主编 王永忠　严永安　赵宏伟　周劲戈

参　编 王朝国　王　强　尹　胧　吴雪梅　李　涛

　　　　 李　波　杨嘉宁　罗　忠　周　健　钟玉洁

　　　　 胡学英　胡晓锋　赵伟杰　高保华　温　效

前言

　　随着国民经济的快速发展，汽车已成为人们日常工作和生活中不可缺少的重要工具，截至 2019 年 6 月，我国汽车保有量达 2.5 亿辆，其中私家车已达 1.98 亿辆，汽车保有量占机动车总量的 74.58%。随着汽车的生产量和保有量不断增加，尾气排放污染日益严重，有害气体在很大程度影响了生态环境和人民群众的生活。为了有效控制和治理机动车排放污染物，国家加大了对机动车排放的治理力度，2018 年 10 月 26 日新修改的《中华人民共和国环境保护法》和《中华人民共和国大气污染防治法》，为控制排放污染、改善空气质量提供了法律依据，同时《汽油车污染物排放限值及测量方法（双怠速法及简易工况法）》（GB 18285—2018）和《柴油车污染物排放限值及测量方法（自由加速法及加载减速法）》（GB 3847—2018）两个新的国家标准均从 2019 年 5 月 1 起实施。为贯彻该标准，协助机动车检验机构环保检测人员及机动车排放污染物维修治理站（M站）维修排放超标治理人员系统了解机动车环保检验相关政策、标准，掌握检验知识、操作技能及超标治理方法，编写组在总结机动车环保检验及超标治理的实践经验和教训的基础上，经过多次修改，编写了本书。

　　本书系统、全面地介绍了机动车环保检验的政策、标准，以及检验操作技术，从机动车的基本知识入手，介绍了机动车排放污染物的危害、生成机理、控制方法、超标治理方法等。全书共分七章，第一章介绍了机动车排放污染物检验法规及相关标准，第二章介绍了机动车及发动机的基础知识，第三章介绍了机动车排放污染物生成机理及其控制方法，第四章介绍了机动车环保检测设备的维护，第五章介绍了机动车环保检验操作技术，第六章介绍了机动车检验检测机构质量管理，第七章介绍了机动车排放污染物超标治理维修。

　　本书在编写过程中得到了四川省生态环境厅、四川省交通运输厅、四川省市场监督管理局、四川省质量协会领导及同行专家的大力支持，特表感谢。由于编者水平有限，书中难免有不妥之处，敬请批评指正。

作　者
2019 年 8 月

目录

第一章 机动车排放污染物检验
法规及相关标准

第一节 《中华人民共和国大气污染防治法》节选

中华人民共和国大气污染防治法

(中华人民共和国主席令第十六号)

《全国人民代表大会常务委员会关于修改〈中华人民共和国野生动物保护法〉等十五部法律的决定》已由中华人民共和国第十三届全国人民代表大会常务委员会第六次会议于2018年10月26日通过,现予公布,自公布之日起施行。

中华人民共和国主席 习近平

2018年10月26日

第一章 总 则

第四条 国务院生态环境主管部门会同国务院有关部门,按照国务院的规定,对省、自治区、直辖市大气环境质量改善目标、大气污染防治重点任务完成情况进行考核。省、自治区、直辖市人民政府制定考核办法,对本行政区域内地方大气环境质量改善目标、大气污染防治重点任务完成情况实施考核。考核结果应当向社会公开。

第五条 县级以上人民政府生态环境主管部门对大气污染防治实施统一监督管理。

县级以上人民政府其他有关部门在各自职责范围内对大气污染防治实施监督管理。

第四章 大气污染防治措施

第五十一条 机动车船、非道路移动机械不得超过标准排放大气污染物。

禁止生产、进口或者销售大气污染物排放超过标准的机动车船、非道路移动机械。

第五十三条 在用机动车应当按照国家或者地方的有关规定,由机动车排放检验机构定期对其进行排放检验。经检验合格的,方可上道路行驶。未经检验合格的,公安机关交通管理部门不得核发安全技术检验合格标志。

县级以上地方人民政府生态环境主管部门可以在机动车集中停放地、维修地对在用机动车的大气污染物排放状况进行监督抽测;在不影响正常通行的情况下,可以通过遥感监测等技术手段对在道路上行驶的机动车的大气污染物排放状况进行监督抽测,公安机关交通管理部门予以配合。

第五十四条 机动车排放检验机构应当依法通过计量认证,使用经依法检定合格的机动车排放检验设备。按照国务院生态环境主管部门制定的规范,对机动车进行排放检验,并与生态环境主管部门联网,实现检验数据实时共享。机动车排放检验机构及其负责人对检验数据的真实性和准确性负责。

生态环境主管部门和认证认可监督管理部门应当对机动车排放检验机构的排放检验情况进行监督检查。

第五十五条 机动车生产、进口企业应当向社会公布其生产、进口机动车车型的排放检验信息、污染控制技术信息和有关维修技术信息。

机动车维修单位应当按照防治大气污染的要求和国家有关技术规范对在用机动车进行维修,使其达到规定的排放标准。交通运输、生态环境主管部门应当依法加强监督管理。

禁止机动车所有人以临时更换机动车污染控制装置等弄虚作假的方式通过机动车排放检验。禁止机动车维修单位提供该类维修服务。禁止破坏机动车车载排放诊断系统。

第六十条 在用机动车排放大气污染物超过标准的,应当进行维修;经维修或者采用污染控制技术后,大气污染物排放仍不符合国家在用机动车排放标准的,应当强制报废。其所有人应当将机动车交售给报废机动车回收拆解企业,由报废机动车回收拆解企业按照国家有关规定进行登记、拆解、销毁等处理。

国家鼓励和支持高排放机动车船、非道路移动机械提前报废。

第七章 法 律 责 任

第九十八条 违反本法规定,以拒绝进入现场等方式拒不接受生态环境主管部门及其委托环境执法机构或者其他负有大气环境保护监督管理职责的部门的监督检查,或者在接受监督检查时弄虚作假的,由县级以上人民政府生态环境主管部门或者其他负有大气环境保护监督管理职责的部门责令改正,处二万元以上二十万元以下的罚款;构成违反治安管理行为的,由公安机关依法予以处罚。

第一百条 违反本法规定,有下列行为之一的,由县级以上人民政府生态环境主管部门责令改正,处二万元以上二十万元以下的罚款;拒不改正的,责令停产整治。

(三)未按照规定安装、使用大气污染物排放自动监测设备或者未按照规定与生态环境主管部门的监控设备联网,并保证监测设备正常运行的。

第一百一十二条 违反本法规定,伪造机动车、非道路移动机械排放检验结果或者出具虚假排放检验报告的,由县级以上人民政府生态环境主管部门没收违法所得,并处十万元以上五十万元以下的罚款;情节严重的,由负责资质认定的部门取消其检验资格。

违反本法规定,伪造船舶排放检验结果或者出具虚假排放检验报告的,由海事管理机构依法予以处罚。

违反本法规定,以临时更换机动车污染控制装置等弄虚作假的方式通过机动车排放检验或者破坏机动车车载排放诊断系统的,由县级以上人民政府生态环境主管部门责令改正,对机动车所有人处五千元的罚款;对机动车维修单位处每辆机动车五千元的罚款。

第一百一十三条 违反本法规定,机动车驾驶人驾驶排放检验不合格的机动车上道路行驶的,由公安机关交通管理部门依法予以处罚。

第一百一十四条 违反本法规定,使用排放不合格的非道路移动机械,或者在用重型柴油车、非道路移动机械未按照规定加装、更换污染控制装置的,由县级以上人民政府生态环境等主管部门按照职责责令改正,处五千元的罚款。

违反本法规定,在禁止使用高排放非道路移动机械的区域使用高排放非道路移动机械的,由城市人民政府生态环境等主管部门依法予以处罚。

第二节　机动车环保定期检验依据的法规

一、我国制定机动车排放标准的不同阶段

我国已成为世界机动车产销第一大国,由于机动车大量使用,发动机排出的气体污染物已成为空气质量下降和灰霾、光化学烟雾污染的重要原因,为了改善人类生存环境,提高人民群众生活质量,实现经济可持续发展,机动车排放污染防治已迫在眉睫。由于我国汽车工业发展较快且发展时间短,与国外发达国家相比,我国汽车尾气排放法规起步较晚、不完善。从20世纪80年代初开始,国家在标准制定和实施工作中采取先易后难、分阶段实施的方案,具体实施主要分为以下四个阶段。

第一阶段:

1983年,我国颁布了第一批机动车尾气污染控制排放标准,这一系列标准。包括:《汽油车怠速污染物排放标准》《柴油车自由加速烟度排放标准》《汽车柴油机全负荷烟度排放标准》三个限值标准,《汽油车怠速污染物测量方法》《柴油车自由加速烟度测量方法》《汽车柴油机全负荷烟度测量方法》三个测量方法标准。这批标准的制定和实施,标志着我国汽车尾气污染控制排放标准从无到有,并逐步走上法制治理汽车尾气污染的道路。

第二阶段:

1989—1993年,我国又相继颁布了《轻型汽车排气污染物排放标准》《车用汽油机排气污染物排放标准》两个限值标准和《轻型汽车排气污染物测量方法》《车用汽油机排气污染物测量方法》两个工况法测量方法标准。我国已形成了较为完善的汽车尾气排放标准体系,同时,为了和国际接轨,我国1993年颁布的《轻型汽车排气污染物测量方法》采用了ECE R15—04(ECE:欧盟汽车标准法规体系)的测量方法,而测量限值《轻型汽车排气污染物排放标准》则采用了ECE R15—03限值标准。但是该限值标准只相当于欧洲20世纪70年代的水平(欧洲在1979年实施ECE R15—03标准)。

第三阶段:

1999年,我国北京市开始实施《轻型汽车排气污染物排放标准》(DB 11/105—1998),从而拉开了我国新一轮尾气排放标准制定和实施的序幕。2000年,《汽车排放污染物限值及测试方法》(GB 14761—1999)(等效于91/441/1EEC标准)在全国实施。同时,《压燃式发动机和装用压燃式发动机的车辆排气可见污染物限值及测试方法》(GB 3847—1999)也修

订出台。与此同时，北京市还部分参照采用欧共体 92/55/EEC 的技术要求升级修订了《汽油车双怠速污染物排放标准》(DB 11/044—1999)地方标准。这一系列标准的制定和出台，使我国汽车尾气排放标准达到国外发达国家 20 世纪 90 年代初的水平。

第四阶段：

随着发动机燃烧技术、排气后处理技术不断提高和改善，以及人民群众对环境治理的要求越来越迫切，从 2005 年开始，我国针对新生产机动车排放，推出了《轻型汽车污染物排放限值及测量方法(中国Ⅲ、Ⅳ阶段)》(GB 18352.3—2005)、《车用压燃式、气体燃料点燃式发动机与汽车排气污染物排放限值及测量方法(中国Ⅲ、Ⅳ、Ⅴ阶段)》(GB 17691—2005)，针对在用车排放，推出了《点燃式发动机汽车排气污染物排放限值及测量方法(双怠速法及简易工况法)》(GB 18285—2005)、《车用压燃式发动机和压燃式发动机汽车排气烟度排放限值及测量方法》(GB 3847—2005)等一系列标准。根据规划，2008 年，北京市对全市新增机动车实施国家第四阶段机动车污染物排放标准，与此同时，满足这种标准的汽车燃油在 2008 年 1 月 1 日起开始在北京市供应，而作为满足第四阶段的汽车燃油，汽油在全国最晚执行时间为 2014 年 1 月 1 日，柴油在全国最晚执行时间为 2015 年 1 月 1 日。

二、原有的排放标准

世界汽车排放标准主要分为欧洲、美国、日本三大标准体系。欧洲汽车排放标准测试要求相对比较宽泛，是大多数发展中国家引用的汽车排放标准体系。我国在制定汽车排放标准体系的时候，充分比较了三大体系的优劣，认为欧洲汽车排放标准中的排放污染物计量是以汽车单位行驶距离的排放物质量(g/km)计算，相对于其他标准体系以浓度作为计量单位研究汽车对环境的污染程度更具合理性，同时，考虑我国的汽车生产技术大多从欧洲引进，因此，我国也基本上采用欧洲排放标准体系。我国汽车排放标准同欧洲排放标准一样，也将汽车分为总质量不超过 3500kg 的轻型汽车和总质量超过 3500kg 的重型汽车两大类。轻型汽车和重型汽车排放标准分类如下。

1. 轻型汽车的排放标准

轻型汽车的排放标准在 1999 年 7 月发布，2001 年修订。

第一阶段：《轻型汽车污染物排放限值及测量方法(Ⅰ)》(GB 18352.1—2001)，等效采用欧盟 93/59/EC 指令，参照采用 98/77/EC 指令部分技术内容，等同于欧Ⅰ，从 2001 年 4 月 16 日发布并实施。

第二阶段：《轻型汽车污染物排放限值及测量方法(Ⅱ)》(GB 18352.2—2001)，等效采用欧盟 96(10)69/EC 指令，参照采用 98(10)77(10)EC 指令部分技术内容，等同于欧Ⅱ，从 2004 年 7 月 1 日起实施。

第三阶段：《轻型汽车污染物排放限值及测量方法(中国Ⅲ、Ⅳ阶段)》(GB 18352.3—2005)，2007 年 4 月 15 日发布，代替 GB 18352.2—2001，部分等同于欧Ⅲ，于 2007 年 7 月 1 日实施。

第四阶段：《轻型汽车污染物排放限值及测量方法(中国Ⅲ、Ⅳ阶段)》(GB 18352.3—2005)，部分等同于欧Ⅳ，于 2010 年实施。

第五阶段：《轻型汽车污染物排放限值及测量方法(中国第五阶段)》(GB 18352.5—

2013),2013 年 9 月 17 日发布,于 2018 年 1 月 1 日实施。

第六阶段:《轻型汽车污染物排放限值及测量方法(中国第六阶段)》(GB 18352.6—2016),2016 年 12 月 23 日发布,将于 2020 年 7 月 1 日实施。

2. 重型汽车的排放标准

重型汽车的排放标准包括重型压燃式发动机标准和重型点燃式发动机标准。

1)重型压燃式发动机标准

《车用压燃式发动机排气污染物排放限值及测量方法》(GB 17691—2001),于 2001 年 4 月 16 日发布,参照欧盟 91/542/EEC 指令。

第一阶段:相当于欧Ⅰ水平,型式核准试验自 2000 年 9 月 1 日起执行,生产一致性检查自 2001 年 9 月 1 日起执行。

第二阶段:相当于欧Ⅱ水平,型式核准试验自 2003 年 9 月 1 日起执行,生产一致性检查自 2004 年 9 月 1 日起执行。

《车用压燃式、气体燃料点燃式发动机与汽车排气污染物排放限值及测量方法(中国Ⅲ、Ⅳ、Ⅴ阶段)》(GB 17691—2005),采用了欧盟指令 2001/27/EC 的有关技术内容,代替 GB 17691—2001,于 2005 年 5 月发布,分别于 2007 年、2010 年、2012 年 1 月 1 日实施。

2)重型点燃式发动机标准

《车用点燃式发动机及装用点燃式发动机汽车排气污染物排放限值及测量方法》(GB 14762—2002),2002 年 11 月 18 日发布,2003 年 1 月 1 日实施。该标准汽油机测量方法等效采用美国联邦法规 40CFR 第 86 部 D 分部"重型汽油机和柴油机排放法规:排气污染物测试程序"。

《重型车用汽油发动机与汽车排气污染物排放限值及测量方法(中国Ⅲ、Ⅳ阶段)》(GB 14762—2008),代替 GB 14762—2002,2008 年 4 月 2 日发布,2009 年 7 月 1 日实施。从第Ⅲ阶段开始,增加排放控制装置的耐久性要求;从第Ⅳ阶段开始,增加了在用车/发动机的符合性要求。

三、现行在用机动车排放污染物检测的国家及环保行业标准

1. 技术方法类标准

《柴油车污染物排放限值及测量方法(自由加速法及加载减速法)》(GB 3847—2018);

《摩托车和轻便摩托车排气污染物排放限值及测量方法(双怠速法)》(GB 14621—2011);

《汽油车污染物排放限值及测量方法(双怠速法及简易工况法)》(GB 18285—2018);

《农用运输车自由加速烟度排放限值及测量方法》(GB 18322—2002);

《摩托车和轻便摩托车排气烟度排放限值及测量方法》(GB 19758—2005);

《车用压燃式、气体燃料点燃式发动机与汽车车载诊断(OBD)系统技术要求》(HJ/T 437—2008);

《轻型汽车车载诊断(OBD)系统管理技术规范》(HJ/T 500—2009)。

2. 设备制造类标准

《汽油车双怠速法排气污染物测量设备技术要求》(HJ/T 289—2006);

《汽油车稳态工况法排气污染物测量设备技术要求》(HJ/T 291—2006);

《汽油车简易瞬态工况法排气污染物测量设备技术要求》(HJ/T 290—2006);

《柴油车加载减速工况法排气烟度测量设备技术要求》(HJ/T 292—2006);

《压燃式发动机汽车自由加速法排气烟度测量设备技术要求》(H/T 395—2007);

《点燃式发动机汽车瞬态工况法排气污染物测量设备技术要求》(HJ/T 396—2007)。

由于《汽油车污染物排放限值及测量方法(双怠速法及简易工况法)》(GB 18285—2018)、《柴油车环保检验项目和排放限值》(GB 3847—2018)为新发布执行的标准,与其配套的设备制造类标准正在制定中。

3.计量检定或校准类标准

《测功装置检定规程》(JJG 653—2003);

《透射式烟度计检定规程》(JJG 976—2010);

《汽车排放气体测试仪检定规程》(JJG 688—2007);

《汽车排气污染物监测用底盘测功机校准规范》(JJF 1221—2009);

《汽油车稳态加载污染物排放检测系统校准规范》(JJF 1227—2009);

《汽、柴油车排放气体测试仪检定规程》[JJG(川)160—2019]。

第三节　机动车排放污染物检测标准简介

一、《汽油车污染物排放限值及测量方法(双怠速法及简易工况法)》(GB 18285—2018)简介

该标准是对《点燃式发动机汽车排放污染物排放限值及测量方法(双怠速法及简易工况法)》(GB 8285—2005)和《确定点燃式发动机在用汽车简易工况法排气污染物排放限值的原则和方法》(HJ/T 240—2005)的修订。参考了《汽油车双怠速法排气污染物测量设备技术要求》(HJ/T 289—2006)、《汽油车简易瞬态工况法排气污染物测量设备技术要求》(HJ/T 290—2006)、《汽油车稳态工况法排气污染物测量设备技术要求》(HJ/T 291—2006)、《点燃式发动机汽车瞬态工况法排气污染物测量设备技术要求》(HJ/T 396—2007)、《车用压燃式、气体燃料点燃式发动机与汽车车载诊断(OBD)系统管理技术规范》(HJ 437—2008)、《轻型汽车车载诊断(OBD)系统管理技术规范》(HJ 500—2009)。

该标准规定了汽油车双怠速法、稳态工况法、瞬态工况法和简易瞬态工况法排气污染物排放限值及测量方法,同时规定了汽油车外观检验、OBD检查、燃油蒸发排放控制系统检测的方法和判断依据。该标准适用于新生产汽车下线检验、注册登记检验和在用汽车检验,也适用于其他装用点燃式发动机的汽车。

二、《柴油车污染物排放限值及测量方法(自由加速法及加载减速法)》(GB 3847—2018)简介

该标准是对《车用压燃式发动机和压燃式发动机汽车排放烟度排放限值及测量方法》(GB 3847—2005)和《确定压燃式发动机在用汽车加载减速法排气烟度排放限值的原则和方法》(HJ/T 241—2005)的修订。参考了《压燃式发动机汽车自由加速法排气烟度测量设

备技术要求》(HJ/T 395—200)和《柴油车加载减速工况法对设备的技术要求》(HJ/T 292—2006)。

该标准规定了柴油车自由加速法和加载减速法排气污染物排放限值及测量方法,同时规定了柴油车外观检验、OBD 检查的方法和判断依据。该标准适用于新生产柴油汽车下线检验、注册登记检验和在用汽车检验,也适用于其他装用压燃式发动机的汽车。该标准不适用于低速货车和三轮汽车。

第二章　机动车及发动机的基础知识

第一节　机动车的基础知识

一、定义

2003 年颁布的《中华人民共和国道路交通安全法》第 119 条中明确了机动车的定义是："以动力装置驱动或者牵引,上道路行驶的供人员乘用或者用于运送物品以及进行工程专项作业的轮式车辆。"

从上述定义可以看出,机动车是在道路上行驶的、包括动力输出及转换装置的一类移动式机械,主要用途是运输或进行专项作业。为了更加明确地区分轨道车辆、履带式车辆以及玩具车辆,国家标准《机动车运行安全技术条件》（GB 7258—2017）中对机动车进行了更为详尽的定义:"由动力装置驱动或牵引,上道路行驶的供人员乘用或用于运送物品以及进行工程专项作业的轮式车辆,包括汽车及汽车列车、摩托车、拖拉机运输机组、轮式专用机械车、挂车。"

汽车:是由动力驱动,具有四个或四个以上车轮的非轨道承载的车辆,包括与电力线相连的车辆(如无轨电车);主要用于载运人员和货物(物品);牵引载运货物(物品)的车辆或特殊用途的车辆;专项作业,还包括以下由动力驱动、非轨道承载的三轮车辆;整车整备质量超过 400kg、不带驾驶室、用于载运货物的三轮车辆;整车整备质量超过 600kg、不带驾驶室、用于载运货物的三轮车辆;整车整备质量超过 600kg、不带驾驶室、不具有载运货物结构或功能且设计和制造上最多乘坐 2 人(包括驾驶人)的三轮车辆;整车整备质量超过 600kg 的带驾驶室的三轮车辆。汽车还包括载客汽车、载货汽车、专项作业车、气体燃料汽车、两用燃料汽车、双燃料汽车、电动汽车、燃料电池汽车、教练车、残疾人专用汽车等。

摩托车:由动力装置驱动的,具有两个或三个车轮的道路车辆,但不包括:整车整备质量超过 400kg、不带驾驶室、用于载运货物的三轮车辆;整车整备质量超过 600kg、不带驾驶室、不具有载运货物结构或功能且设计和制造上最多乘坐 2 人(包括驾驶人)的三轮车辆;最大设计车速、整车整备质量、外廓尺寸等指标符合相关国家标准和规定的,专供残疾人驾驶的机动轮椅车;符合电动自行车国家标准规定的车辆。它包括普通摩托车(两轮普通摩托车、边三轮摩托车、正三轮摩托车)和轻便摩托车(两轮轻便摩托车、正三轮轻便摩托车)。

三轮摩托车与三轮低速汽车的区别在于:三轮低速汽车最高设计车速不大于 50km/h,整车整备质量超过 400kg(不带驾驶室)或 600kg(带驾驶室),悬挂黄底黑字黑框线牌照,牌照尺寸 300mm×165mm;三轮摩托车的整车整备质量小于 400kg(不带驾驶室)或 600kg(带驾驶室),最高车速小于70km/h(普通三轮摩托车)或50km/h(轻便三轮摩托车),普通摩托车悬挂黄底黑字黑框线牌照,轻便摩托车悬挂蓝底白字白框线牌照,牌照尺寸220mm×140mm。

拖拉机运输机组:由拖拉机牵引一辆挂车组成的用于载运货物的机动车,包括轮式拖拉机运输机组和手扶拖拉机运输机组。

定义中的拖拉机是指最高设计车速不大于20km/h、牵引挂车方可从事道路货物运输作业的手扶拖拉机,和最高设计车速不大于40km/h、牵引挂车方可从事道路货物运输作业的轮式拖拉机。

手扶拖拉机运输机组还包含手扶变型运输机,即发动机12h标定功率不大于14.7kW,采用手扶拖拉机底盘,将扶手把改成转向盘,与挂车连在一起组成的折腰转向式运输机组。

货车型拖拉机运输机组与低速货车的区别在于:拖拉机运输机组是由牵引拖拉机与被牵引挂车构成,最高车速不大于40km/h,悬挂绿底白字农机牌照;低速货车则是由4个车轮、驾驶室、底盘、货箱等构成的汽车,最高车速小于70km/h,悬挂黄底黑字黑框线低速汽车牌照。

轮式专用机械车:有特殊结构和专门功能,装有橡胶车轮可以自行行驶,最大设计车速大于20km/h的轮式机械,如装载机、平地机、挖掘机、推土机等,但不包括叉车。

轮式专业机械车与专项作业车的区别在于:专项作业车是汽车,是装有专业设备或器具,为完成专项作业而设计制造的汽车,其主要目的不是运货或载人。包括汽车起重机、消防车、混凝土泵车、环卫车、信号转播车、医疗车、高空作业车、钻探车等,简称专用汽车。轮式专业机械车不是汽车,是装有橡胶车轮、具有特殊结构和专门功能,可以自行行驶的专业机械,其最高设计车速大于20km/h,例如装载机、平地机、压路机、推土机、挖掘机等,但不包括叉车,可以简称为专用机械。

二、汽车的分类

汽车按照不同的要求及用途,有不同的分类方法。

(1)按照《机动车辆及挂车分类》(GB/T 15089—2001)中的规定,汽车及摩托车被分为L类、M类、N类。

L类:两轮或三轮摩托车。其中包括L_1类(轻便二轮摩托车)、L_2类(轻便三轮摩托车)、L_3类(普通二轮摩托车)、L_4类(普通边三轮摩托车)、L_5类(普通正三轮摩托车)。

M类:载客汽车。包括M_1类、M_2类、M_3类。

M_1类:包括驾驶员座位在内,座位数不超过9座的载客车辆。

M_2类:包括驾驶员座位在内座位数超过9个,且最大设计总质量不超过5000kg的载客车辆。

M_3类:包括驾驶员座位在内座位数超过9个,且最大设计总质量超过5000kg的载客车辆。

包括2个或多个不可分但却铰接在一起的铰接客车被认为是单个车辆。

N类:载货汽车。包括N_1类、N_2类、N_3类。

N_1类:最大设计总质量不超过3500kg的载货车辆。

N_2 类:最大设计总质量超过 3500kg,但不超过 12000kg 的载货车辆。

N_3 类:最大设计总质量超过 12000kg 的载货车辆。

(2)按照《点燃式发动机汽车排气污染物排放限值及测量方法(双怠速法及简易工况法)》(GB 18285—2018)等排放标准中的规定,汽车被分为轻型汽车和重型汽车。

轻型汽车:最大总质量不超过 3500kg 的 M_1、M_2 和 N_1 类车辆。其中包括第一类轻型汽车和第二类轻型汽车。

第一类轻型汽车:设计乘员数不超过 6 人(包括驾驶员),且最大总质量不大于 2500kg 的 M_1 类车,即俗称的轿车。

第二类轻型汽车:除第一类车以外的其他轻型汽车。

重型汽车:最大总质量大于 3500kg 的车辆。

(3)根据汽车装配的发动机类型,汽车被分为点燃式发动机汽车和压燃式发动机汽车以及电动汽车和混合动力电动汽车。

点燃式发动机是燃料在发动机中被火花塞或其他物质、结构点燃燃烧释放能量的发动机,如汽油机、压缩天然气(CNG)发动机、CNG/柴油双燃料发动机等。

压燃式发动机是燃料在发动机中由于被压缩导致温度、压力升高,达到了燃料的自燃温度,从而使燃料自燃燃烧并释放能量的发动机,如柴油机、二甲醚(DME)发动机、生物柴油发动机等。

(4)根据汽车使用燃料种类,分为汽油车、柴油车、气体燃料汽车、代用燃料汽车、两用燃料汽车等。

(5)根据汽车驱动方式,可分为前驱车、后驱车、全驱车等。

三、汽车的基本组成

汽车是由上万个零件构成的机动交通工具,基本结构主要由发动机、底盘、车身、电气与电子设备四大部分组成。

发动机是能量转换装置,作用是将燃料燃烧发出的热能转化成机械能并向外输出动力。现代汽车广泛应用往复活塞式内燃机作为动力来源,它一般由机体、曲柄连杆机构、配气机构、冷却系统、润滑系统、点火系统(点燃式发动机采用)、起动系统等部分组成。

底盘接受发动机动力,使汽车产生运动,并保证汽车按照驾驶员的操纵正常行驶。底盘由下列部分组成。

(1)传动系统:将发动机输出的动力,通过离合器、变速器、传动轴、主减速器及差速器、半轴等零部件传递给车轮,驱动车辆行驶。

(2)行驶系统:使汽车各总成及部件安装在适当位置,对全车起支承作用和对路面起附着作用,缓和道路冲击和振动。它包括支承全车的车架大梁或承载式车身、副车架、前悬架、后悬架、车轮等部分。

(3)转向系统:使汽车按驾驶员选定的方向行驶。它由转向盘、转向器以及转向传动装置组成,有的汽车还有转向助力装置。

(4)制动系统:使汽车减速或停车,并可保证驾驶员离去后汽车能可靠停驻。它包括车轮制动器以及控制装置、传动装置和供能装置。

车身是驾驶员的工作场所,也是装载乘客和货物的地方,包括车身钣金、货箱以及某些专用作业设备等。

电气与电子设备包括电源组、发动机起动和点火系统,汽车照明和信号装置、仪表等电子、电气设备和中央控制器(ECU)、微处理器、各类人工智能装置等。

本书仅对与尾气排放检验与排放超标治理有关的发动机和传动系统进行介绍。

第二节　发动机基础知识及结构原理

一、发动机的分类

发动机是汽车的动力源,同时也是汽车尾气排放的根源所在。目前汽车上广泛采用往复活塞式内燃机作为车用发动机。

往复活塞式内燃机可按照不同方法进行分类。

(1)根据使用燃料种类,分为汽油机、柴油机、气体燃料发动机三类。分别以汽油、柴油、CNG、液化石油气(LPG)等气体燃料作为燃烧剂燃烧做功。

(2)根据燃料被引燃的方式,分为点燃式发动机和压燃式发动机。一般汽油机、气体燃料发动机是点燃式发动机,柴油机是压燃式发动机。

(3)根据发动机冷却方式的不同,分为水冷式发动机和风冷式发动机。

(4)根据在一个工作循环中活塞往复运动的行程数,分为二冲程发动机和四冲程发动机。汽车绝大多数配置四冲程发动机,二冲程发动机主要应用于轻便摩托车和军用车等特殊领域。

(5)按照进气状态不同,分为增压发动机和非增压发动机。增压包括废气涡轮增压、机械增压和气动增压三种方式。

(6)按发动机中汽缸数的多少,分为多缸机和单缸机。

除此之外,还可根据发动机上某些结构特征进行分类。

二、往复活塞式内燃机的基本结构

发动机是将某一种形式的能量转换为机械能的机器,其作用是将液体或气体的化学能通过燃烧后转化为热能,再把热能通过气体膨胀转化为机械能并对外输出动力。能量转换的场所就是汽缸,是发动机内由汽缸壁、活塞顶以及汽缸盖共同构筑的一个圆柱形空腔。燃料在汽缸内燃烧、膨胀,推动活塞在汽缸内向下移动,活塞通过活塞销、连杆将动力传递给曲轴,曲轴将活塞的直线运动转化成旋转运动,通过飞轮向外输出动力,同时储存部分能量在飞轮中,利用飞轮的惯性运动,带动活塞向上移动,从而实现了活塞的往复运动。

要使发动机能够连续工作,不仅需要实现能量和运动的连续转换,还需要进气、排气、燃料的供给等功能能够连续进行,同时保障发动机正常运转的冷却、润滑等也需要持续工作。因此,发动机是一部由许多结构和系统组成的复杂机器,其结构型式多种多样,但由于基本工作原理相同,所以其基本结构也就大同小异。汽油机通常由曲柄连杆、配气两大机构和燃料供给、润滑、冷却、点火、起动五大系统组成。柴油机通常由两大机构和四大系统组成(无点火系统)。往复活塞式内燃机总体构造如图 2-1 所示。

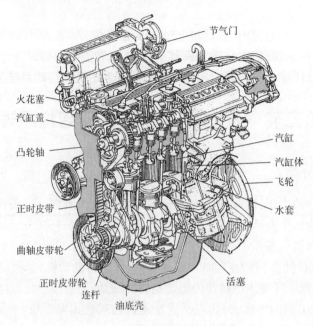

图 2-1　往复活塞式内燃机总体构造图

1. 曲柄连杆机构

曲柄连杆机构是由汽缸体、汽缸盖、活塞、连杆、曲轴和飞轮等组成,是发动机产生动力,并将活塞的直线往复运动转变为曲轴旋转运动,从而对外输出动力的主要机构,如图 2-2 所示。

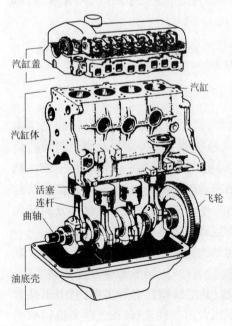

图 2-2　曲柄连杆机构构造图

2. 配气机构

配气机构是由进气门、排气门、气门弹簧、气门挺杆、凸轮轴和正时齿轮等组成,其作用是将新鲜气体及时充入汽缸,并将燃烧产生的废气及时排出汽缸,如图 2-3 所示。

3. 燃料供给系统

由于使用的燃料不同,燃料供给系统可分为汽油机燃料供给系统和柴油机燃料供给系统。

汽油燃料供给系统又分化油器式和燃油直接喷射式两种,目前通常所用的燃油直接喷射式燃料供给系统由燃油箱、汽油泵、汽油滤清器、喷油器、油压保持器、空气滤清器、进排气歧管和排气消声器以及尾气后处理装置等组成,其作用是向汽缸内供给已配好的可燃混合气,并控制进入汽缸内可燃混合气数量,以调节发动机输出的功率和转速,最后,将燃烧后废气排出汽缸,如图 2-4 所示。

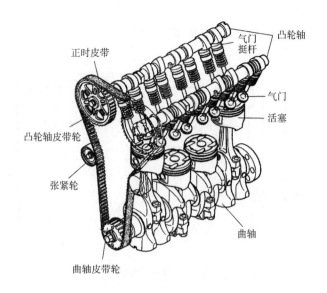

图2-3 配气机构构造图

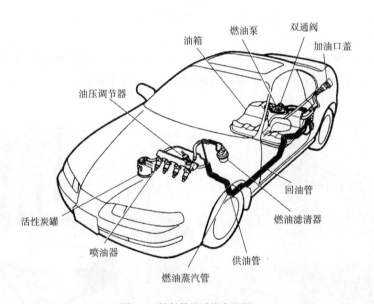

图2-4 燃料供给系统布置图

柴油机燃料供给系统由燃油箱、油泵、高压油轨、喷油器、柴油滤清器、进排气歧管和排气消声器以及尾气后处理装置等组成,其作用是向汽缸内供给纯空气并在规定时刻向缸内喷入定量柴油,以调节发动机输出功率和转速,最后,将燃烧后废气排出汽缸。

4.冷却系统

机动车一般采用水冷式冷却系统。水冷式冷却系统由水泵、散热器、风扇、节温器和水套(在机体内)等组成,其作用是利用冷却水的循环将高温零件的热量通过散热器散发到大气中,从而维持发动机的正常工作温度,如图2-5所示。

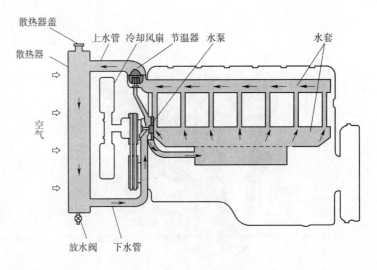

图 2-5 冷却系统构造图

5. 润滑系统

润滑系统由机油泵、滤清器、油道、油底壳等组成,其作用是将润滑油分送至各个相对运动零件的摩擦面,以减小摩擦力,减缓机件磨损,并清洗、冷却摩擦表面,如图 2-6 所示。

6. 点火系统

汽油机点火系统由电源(蓄电池和发电机)、点火线圈、分电器和火花塞等组成,其作用是按规定时刻及时点燃汽缸内被压缩的可燃混合气,如图 2-7 所示。

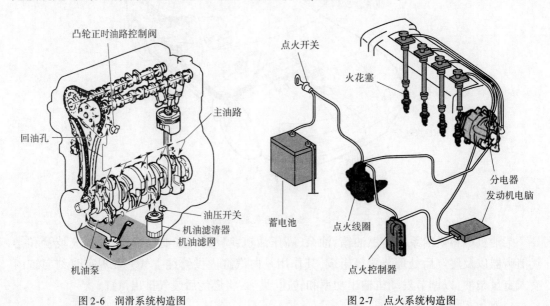

图 2-6 润滑系统构造图   图 2-7 点火系统构造图

7. 起动系统

起动系统由起动机和起动继电器等组成,用以使静止的发动机起动并转入自行运转状态,如图 2-8 所示。

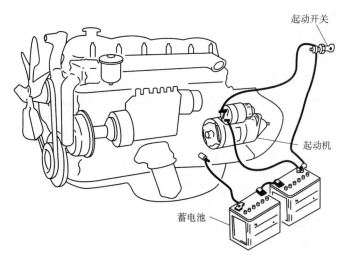

图 2-8　起动系统构造图

三、往复活塞式内燃机的基本术语

1. 工作循环

在发动机汽缸内,每完成一次将燃料燃烧产生的热能转化为机械能的一系列连续过程,称为发动机的一个工作循环。往复活塞式内燃机的工作循环是由进气、压缩、做功、排气四个工作过程组成的封闭过程。周而复始地进行这些过程,内燃机才能持续工作、做功,如图 2-9 所示。

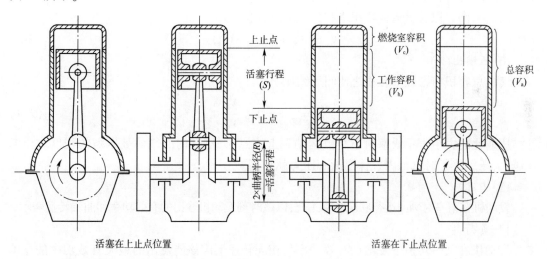

图 2-9　发动机基本术语

2. 上、下止点

活塞顶离曲轴回转中心最远处为上止点,活塞顶离曲轴回转中心最近处为下止点。活塞只能在上、下止点之间进行往复运动。

3. 冲程

活塞由一个止点到另一个止点运动一次的过程叫冲程。

4. 活塞行程(S)

活塞在上、下止点间的运行距离称为活塞行程。

5. 曲柄半径(R)

曲轴上连杆轴颈轴线与曲轴主轴颈(曲轴回转中心)之间的距离称为曲柄半径。显然,曲轴每回转一周,活塞移动两个活塞行程。对于汽缸中心线通过曲轴回转中心的内燃机,其 $S = 2R$。

6. 汽缸工作容积(V_S)

活塞从一个止点运动到另一个止点所扫过的汽缸容积。由于汽缸是圆柱体,因此有:

$$V_S = \frac{\pi D^2}{4 \times 10^6} \cdot S \quad \text{(L)} \tag{2-1}$$

式中:D——汽缸直径,mm;

S——活塞行程,mm。

7. 发动机排量(V_L)

目前,绝大多数车用发动机均为多缸机。发动机所有汽缸工作容积的总和称为内燃机排量。

$$V_L = i \cdot V_S \quad \text{(L)} \tag{2-2}$$

式中:i——汽缸数。

8. 燃烧室容积(V_C)

活塞位于上止点,活塞顶部与汽缸盖之间的空间叫燃烧室容积。

9. 汽缸总容积(V_a)

汽缸工作容积与燃烧室容积之和为汽缸总容积。

$$V_a = V_S + V_C \quad \text{(L)} \tag{2-3}$$

10. 压缩比(ε)

气缸总容积与燃烧室容积之比叫压缩比。

$$\varepsilon = \frac{V_a}{V_C} = 1 + \frac{V_S}{V_C} \tag{2-4}$$

压缩比的大小表示活塞由下止点运动到上止点时,汽缸内的气体被压缩的程度。压缩比越大,压缩终了时汽缸内气体温度和压力就越高。

11. 工况

发动机在某一时刻的运行状况简称工况,以该时刻发动机输出的有效功率和曲轴转速表示。

12. 负荷率

发动机在某一转速下发出的有效功率与相同转速下应该能发出的最大有效功率的比值称为负荷率,简称负荷。

13. 过量空气系数

燃烧1kg燃料实际供给的空气质量与完全燃烧1kg燃料的化学计量空气质量之比称为过量空气系数,记作 Φ_a。即:

$$\Phi_a = \frac{燃烧1kg燃料实际供给的空气质量}{完全燃烧1kg燃料的化学计量空气质量} \tag{2-5}$$

$\Phi_a = 1$ 时的可燃混合气称为理论混合气;$\Phi_a < 1$ 时的可燃混合气称为浓混合气;$\Phi_a > 1$ 时的可燃混合气称为稀混合气。

14. 空燃比

可燃混合气中空气质量与燃油质量之比为空燃比,记作 α。即:

$$\alpha = \frac{空气质量}{燃油质量} \tag{2-6}$$

按照化学反应方程式的当量关系,可求出 1kg 汽油完全燃烧所需空气质量即化学计量空气质量约为 14.8kg。显然 $\alpha = 14.8$ 的可燃混合气称为理论混合气;$\alpha < 14.8$ 时的可燃混合气称为浓混合气;$\alpha > 14.8$ 时的可燃混合气称为稀混合气。空燃比 $\alpha = 14.8$ 称为理论空燃比或化学计量空燃比。

四、往复活塞式内燃机的性能指标

发动机的性能指标是用来表征发动机的性能特点,并作为评价各类发动机性能优劣的依据,主要包括动力性指标、经济性指标、环境指标等。

1. 动力性指标

动力性指标是表征发动机做功能力大小的指标,一般用发动机的有效转矩、有效功率、转速等作为评价发动机动力性好坏的指标。

1)有效转矩 T_e

发动机对外输出的转矩称为有效转矩,单位为 N·m(牛·米)。

2)有效功率 P_e

发动机在单位时间对外输出的有效功称为有效功率,单位为 kW(千瓦)。

3)转速 n

发动机曲轴每分钟转动的圈数称为发动机转速,单位为 r/min(转每分钟)。

发动机转速的高低,关系到单位时间内做功次数的多少或发动机有效功率的大小,即发动机的有效功率随转速的不同而改变。在同一转速下,有效转矩、有效功率、转速存在如下关系:

$$P_e = T_e \cdot \frac{2\pi n}{60} \times 10^{-3} = \frac{T_e n}{9550} \quad (kW) \tag{2-7}$$

在发动机铭牌或车辆铭牌上的有效功率及其相应转速,称为标定功率和标定转速。标定功率不是发动机所能发出的最大功率,它是根据发动机用途而制定的有效功率最大使用限度。同一种型号的发动机,当其用途不同时,其标定功率值并不一定相同。

有效转矩也随发动机工况的变化而变化。因此,车用发动机以其所能输出的最大转矩及其相应转速作为评价发动机动力性的一个指标。

《机动车运行安全技术条件》(GB 7258—2017)要求,发动机应动力性能良好。发动机功率应大于等于标牌(或产品使用说明书)标明发动机功率的 75%。

2. 经济性指标

发动机每发出 1kW 有效功率,在 1h 内所消耗的燃油质量(以 g 为单位),称为燃油消耗率,用 b_e 表示。很明显,燃油消耗率越低,经济性越好。

燃油消耗率[g/(kW·h)]按下式计算:

$$b_e = \frac{B}{P_e} \times 10^3 \tag{2-8}$$

式中：B——发动机在单位时间内的耗油量，kg/h，可由试验测定；

P_e——发动机的有效功率，kW。

3. 环境指标(发动机的运转性能指标)

发动机的运转性能指标主要指排气品质、噪声、起动性能等。由于这些性能不仅与使用者利益相关，更关系到人类的健康，因此必须共同遵守统一标准，并给予严格控制。

发动机的排气中含有对人体有害的物质，它对大气的污染已形成公害。为此，各国采取了许多对策，并制定相应的控制法规。汽车尾气排放物的有害成分对汽油机而言主要是指 CO、HC、CO_2 和 NO_x，对柴油机还有微小颗粒物和炭烟。

噪声会刺激神经，使人心情烦躁，反应迟钝，甚至耳聋，诱发高血压和神经系统的疾病，因此，也必须用法规形式进行限制。汽车是城市中主要的噪声源之一，发动机又是汽车的主要噪声源，故必须给予控制。

起动性能好的发动机在一定温度下能可靠地发动，起动迅速，起动消耗的功率小，起动期磨损少。发动机起动性能的好坏除与发动机结构有关外，还与发动机工作过程相联系，它直接影响汽车机动性、操作者的安全和劳动强度。

第三节　汽车传动系统及驱动方式

一、汽车传动系统的组成和功能

汽车传动系统的基本功用是将发动机发出的动力传给驱动车轮，汽车传动系统如图 2-10 所示。

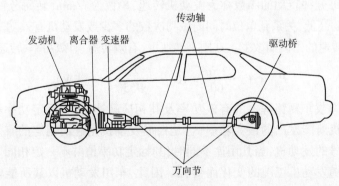

图 2-10　汽车传动系统

1. 汽车传动系统的基本组成

现代汽车普遍采用的是活塞式内燃机，与之相配用的传动系统大多数是采用机械式或液力机械式。普通双轴货车或部分轿车的发动机纵向布置在汽车的前部，并且以后轮为驱动轮，其传动系统的组成和及传动路线是：发动机发出的动力依次经过离合器、变速器(或自动变速器)、由万向节与传动轴组成的万向传动装置，以及安装在驱动桥中的主减速器、差速器和半轴，最后传到驱动车轮。

随着电子技术的发展，为了减少驾驶人员的操作强度，现代汽车中的变速器换挡工作是由电子控制，液力或电力机构执行的自动变速器。与之对应的离合器也换为液力变矩器。但是，动力传递路线仍然与经典汽车一致。

2. 汽车传动系统的功能

传动系统的首要任务是与发动机协同工作，以保证汽车能在不同使用条件下正常行驶，并具有良好的动力性和燃油经济性。为此，任何形式的传动系统都具有如下功能。

1) 实现汽车减速增矩

只有当作用在驱动轮上的驱动力足以克服外界对汽车的阻力时，汽车方能起步和正常行驶。由试验得知，即使汽车在平直的沥青路面上以低速匀速行驶，也需要克服数值约相当于 1.5% 汽车总重力的滚动阻力。例如，东风 EQ1090E 型汽车满载总质量为 9290kg（总重力为 91135N），则最小滚动阻力约为 1367N。若要求它在满载时能在坡度为 30% 的道路上匀速上坡行驶，则所要克服的上坡阻力达 2734N，而该车所采用的 6100Q - 1 型发动机所能产生的最大转矩为 353N·m（1200 ~ 1400r/min 时）。假设将这一转矩直接如数传给驱动轮，则驱动轮可能得到的驱动力仅为 784N。显然，在此情况下，汽车不仅不能爬坡，即使在平直的良好路面上也不可能起步和行驶。

另一方面，6100Q - 1 型发动机在发出最大功率 99.3kW 时的曲轴转速为 3000r/min。假如将发动机与驱动轮直接连接，则对应这一曲轴转速的汽车速度将达 510km/h。这样高的车速既不实用，也不可能实现（因为相应的驱动力太小，汽车根本无法起步）。

为解决上述矛盾，必须使传动系统具有减速增矩作用，即使驱动轮的转速降低为发动机转速的若干分之一，相应驱动轮所得到的转矩则增大到发动机转矩的若干倍。在机械式传动系统中，若不计摩擦，则驱动轮转矩与发动机转矩之比等于发动机转速与驱动轮转速之比。该比值称为传动系统的传动比，以符号 i 表示。这一功能一般由主减速器（传动比以 i_0 表示）来实现。

2) 实现汽车变速

汽车的使用条件，诸如汽车的实际装载质量、道路坡度、路面状况，以及道路宽度和曲率、交通情况所允许的车速等，都在很大范围内不断变化。这就要求汽车牵引力和速度也有相当大的变化范围。另一方面，就活塞式内燃机而言，在其整个转速范围内，转矩的变化不大，而功率及燃油消耗率的变化却很大，因而保证发动机功率较大而燃油消耗率较低的曲轴转速范围，即有利转速范围是很窄的。为了使发动机能保持在有利转速范围内工作，而汽车牵引力和速度又能在足够大的范围内变化，应当使传动系统传动比能在最大值与最小值之间变化，即传动系统应具有变速功能。该功能由变速器（传动比以 i_g 表示）来实现。

因为在传动系统中变速器与主减速器是串联的，则整个传动系统传动比便等于 i_g 与 i_0 的乘积（$i = i_g \cdot i_0$）。一般汽车变速器的直接挡为变速器传动比的最小值（$i_g = 1$），则整个传动系统的最小传动比 $i_{min} = i_0$，即等于主减速器的传动比。

传动系统传动比的最小值 i_{min} 应保证汽车能在平直良好的路面上克服滚动阻力和空气阻力，并以相应的最高速度行驶。轿车和轻型货车的 i_{min} 一般为 3 ~ 6，中、重型货车的 i_{min} 一般为 6 ~ 15。

当要求驱动力足以克服最大行驶阻力，或要求汽车具有某一最低稳定速度时，传动系统传动比就应取最大值 i_{max}。i_{max} 在轿车上为 12 ~ 18，在轻、中型货车上为 35 ~ 50。

若传动比在一定范围内的变化是连续的和渐进的,则称为无级变速。无级变速可以保证发动机保持在最有利工况下工作,因而有利于提高汽车的动力性和燃油经济性。但对机械式传动系统而言,实现无级变速有一定难度。因此机械式传动系统多数是有级变速,即传动比挡位数是有限的。一般轿车和轻、中型货车有 3～5 挡,越野汽车和重型货车为 8～20 挡。

有些汽车在变速器与主减速器之间还加设一个辅助变速机构——副变速器,必要时还将主减速器也设计成多挡的,借以增加传动系统传动比挡位数。

3）实现汽车倒车

汽车在某些情况下(如进入停车场或车库,在窄路上掉头时),需要倒向行驶。然而,内燃机是不能反向旋转的,故与内燃机共同工作的传动系统必须保证在发动机旋转方向不变的情况下,能使驱动轮反向旋转。一般该结构措施是在变速器内加设倒挡(具有中间齿轮的减速齿轮副)。

4）必要时中断传动系统的动力传递

内燃机只能在无负荷情况下起动,而且起动后的转速必须保持在最低稳定转速以上,否则就可能熄火。所以在汽车起步之前,必须将发动机与驱动轮之间的动力传动路线切断,以便起动发动机。发动机进入正常怠速运转后,再逐渐地恢复传动系统的传动能力,亦即从零开始逐渐对发动机曲轴加载,同时加大节气门开度,以保证发动机不致熄火,使汽车能平稳起步。此外,在变换传动系统变速器挡位(换挡)以及对汽车进行制动之前,也都有必要暂时中断动力传递。为此,在发动机与变速器之间,可装设一个依靠摩擦来传动,且其主动和从动部分可在驾驶员操纵下彻底分离,随后再柔和接合的机构——离合器。

在汽车长时间停驻时,以及在发动机不停止运转情况下,使汽车暂时停驻,或在汽车获得相当高的车速后,欲停止对汽车供给动力,使之靠自身惯性进行长距离滑行时,传动系统应能长时间保持在中断动力传递状态。为此,变速器应设有空挡,即所有各挡齿轮都能保持在脱离传动位置的挡位。

5）应使车轮具有差速功能

当汽车转弯行驶时,左右车轮在同一时间内滚过的距离不同,如果两侧驱动轮仅用一根刚性轴驱动,则二者角速度必然相同,因而在汽车转弯时必然产生车轮相对于地面滑动的现象。这将使转向困难,汽车的动力消耗增加,传动系统内某些零件和轮胎加速磨损。所以,驱动桥内装有差速器,使左右两驱动轮能以不同的角速度旋转。动力由主减速器先传到差速器,再由差速器分配给左右两半轴,最后传到两侧的驱动轮。

此外,由于发动机、离合器和变速器都固定在车架上,而驱动桥和驱动轮一般是通过弹性悬架与车架相连的。因此在汽车行驶过程中,变速器与驱动轮二者经常有相对运动。在此情况下,二者之间不能用简单的整体传动轴传动,而应采用万向节和传动轴组成的万向传动装置。

二、汽车传动系统的布置

汽车传动系统的布置方案与汽车总体布置方案是相适应的,可归纳为以下几种。

1. 发动机前置后轮驱动(FR)方案

发动机前置后轮驱动(FR)方案是 4×2 型汽车的传统布置方案,主要应用于轻、中型载货汽车上,但是在部分轿车和客车上也有采用。该方案的优点是:结构简单,工作可靠,前后轮的质量分配比较理想;其缺点是:需要一根较长的传动轴,这不仅增加了车重,而且也影响了传动系统的效率。前置后轮驱动系统如图2-11所示。

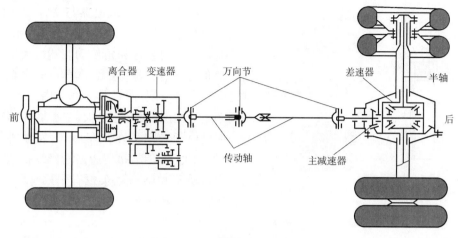

图2-11 前置后轮驱动系统组成及布置

2.发动机前置前轮驱动(FF)方案

发动机前置前轮驱动(FF)方案是发动机、离合器与主减速器、差速器等装配成十分紧凑的整体,布置在汽车的前面,前轮为驱动轮,这样在变速器和驱动桥之间就省去了万向节和传动轴。发动机可以纵置或横置,在发动机横置(发动机曲轴轴线垂直于车身轴线)时,由于变速器轴线与驱动桥轴线平行,主减速器可以采用结构和加工都较简单的圆柱齿轮副。发动机纵置时,则大多数主减速器需采用螺旋锥齿轮副。FF方案由于前轮是驱动轮,有助于提高汽车高速行驶时的操纵稳定性,而且因整个传动系统集中在汽车前部,可使其操纵机构简化。这种布置方案目前已广泛地应用于微型和中级轿车上,在中高级和高级轿车上的应用也日渐增多。前置前轮驱动系统如图2-12所示。

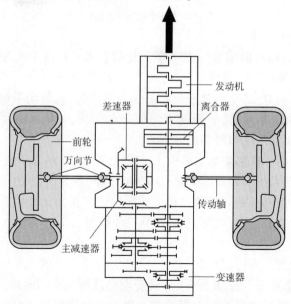

图2-12 前置前轮驱动系统组成及布置

3.发动机后置后轮驱动(RR)方案

发动机后置后轮驱动(RR)方案中,发动机、离合器和变速器都横置于驱动桥之后,驱动桥采用非独立悬架,主减速器与变速器之间距离较大,其相对位置经常变化。由于这些原因,有必要设置万向传动装置和角传动装置。大型客车采用这种布置方案更容易做到汽车总质量在前后车轴之间的合理分配,而且具有车厢内噪声低、空间利用率高等优点,因此它是大、中型客车盛行的方案。但是由于发动机在汽车后部,发动机冷却条件差,发动机、离合器和变速器的操纵机构都较复杂。少数轿车和微型汽车也有采用这种方案的。后置后轮驱动系统如图2-13所示。

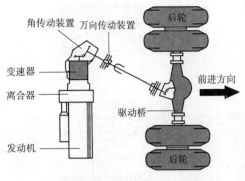

图2-13 后置后轮驱动系统组成及布置

4.发动机中置后轮驱动(MR)方案

发动机中置后轮驱动(MR)方案有利于实现前后轮较为理想的质量分配,是赛车普遍采用的方案。部分大、中型客车也有采用此种布置方案的。它的优缺点介于 FF 和 RR 方案之间。中置后轮驱动系统如图2-14所示。

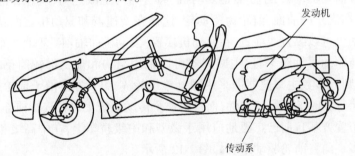

图2-14 中置后轮驱动系统布置

5.全轮驱动(nWD)方案

nWD 是 n-Wheel Drive 的缩写(n 代表驱动轮数),表示传动系统为全轮驱动方案。对于要求能在坏路或无路地区行驶的越野汽车,为了充分利用所有车轮与地面之间的附着条件,以获得尽可能大的驱动力,总是将全部车轮都作为驱动轮,故传动系统采用 nWD 方案。针对目前大多数的家用轿车而言,一般均为前后 2 个车桥,4 个车轮,因此全轮驱动也记为 4WD 或 4×4。全轮驱动系统如图2-15所示。

全轮驱动方案前后车桥都是驱动车桥。一些全轮驱动车辆为了适应良好道路或较差道路,将变速器输出的动力按需要分配给前后两驱动车桥,在变速器与两驱动车桥之间设置有分动器,可根据需要,接通或断开前驱动桥。按照前后车桥驱动转换方式的不同,目前全轮驱动车辆又分为分时四驱、适时四驱、全时四驱三种类型。

1)分时四驱

分时四驱是一种驾驶者可以在两驱和四驱之间手动选择的四轮驱动系统,由驾驶员根据路面情况,通过接通或断开分动器来变换两轮驱动或四轮驱动模式,这也是越野车或四驱运动型多用途车(SUV)最常见的驱动模式。一般车内会特别设计分动装置,有些是分动器的挡杆,有些是电子的按钮或旋钮,通过操纵挡杆或按钮完成驱动切换。

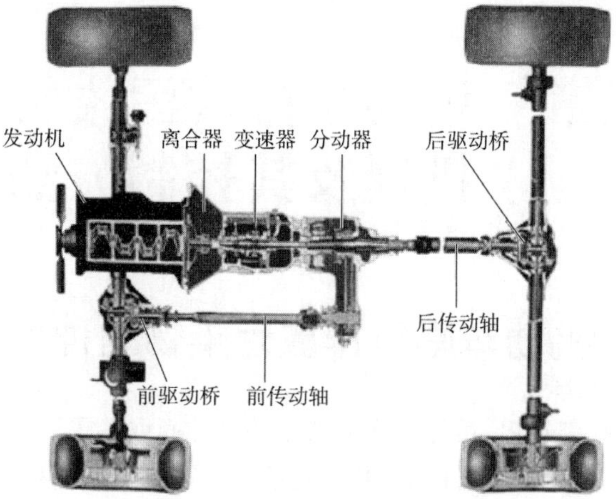

图 2-15　全轮驱动系统组成及布置

分时四驱的优点是结构简单、稳定性高、坚固耐用,缺点是必须手动停车操作,没有中央差速器,所以不能在硬地面(铺装路面)上使用四驱系统,特别是在弯道上不能顺利转弯。

2)适时四驱

适时四驱是指只有在适当的时候才会用四轮驱动,而在其他情况下仍然是两轮驱动的驱动系统。驱动轮的切换是由车用电脑根据路况的不同自动完成的,有别于需要手动停车切换两驱和四驱的分时四驱,以及所有工况下都是四轮驱动的全时四驱。大多数都在车内设计了单独的按钮,而也有些为自动感应式的联通四驱状态,车内无按钮。

适时四驱的优点是结构较简单,更适合于前横置发动机前驱平台的车型配备,特别是发动机排量较小的 SUV。适时四驱的缺点是在前后轴传递动力时,会受制于结构本身的缺陷,无法将超过 50% 以上的动力传给后轴,这使它在主动安全控制方面,没有全时四驱的调整范围那么大;同时相比分时四驱,它在应对恶劣路面时,四驱的物理结构极限偏低。

3)全时四驱

全时四驱就是汽车在行驶过程中,所有车轮均独立运动。全时全轮驱动车辆会比两驱车型(2WD)拥有更优异的安全驾驶基础,尤其是遇到极限路况或是激烈驾驶时。理论上,4WD 会比 2WD 拥有更好的牵引力,车辆的行驶是依据它持续平稳的牵引力,而牵引力的稳定性主要由车辆的驱动方法来决定,将发动机动力输出经传动系统分配到 4 个车轮与分配到 2 个车轮上做比较,其结果是 4WD 的可控性、通过性以及稳定性均会得到提升,即无论车辆行驶在何种天气以及何种路面(湿地、崎岖山路、弯路上)时,驾驶员都能够更好地控制每一个行驶动作,从而保证驾驶员和乘客的安全。而在驾驶时,全时四驱的转向风格也很有特点,最明显的就是它会比两驱车型转向更加中性,通常它可以更好地避免前驱车的转向不足和后驱车的转向过度,这也是体现驾驶安全性以及稳定性的特点之一。

第三章　机动车排放污染物生成机理及其控制方法

第一节　机动车尾气排放污染物的种类及其危害

在汽车诞生的 100 多年里,虽然其在制造工艺等方面取得了巨大的进步,但作为动力装置的发动机技术却没有发生根本性的变化。目前,以汽油机、柴油机为代表的内燃机仍是各种道路机动车发动机的主流技术。

内燃机用碳氢化合物燃料在燃烧室内完全燃烧时,如果不考虑燃料中的微量杂质,将只产生 CO_2 和水蒸气。内燃机排出的水分不会对地球水循环造成重大影响;至于 CO_2,过去人们并不认为它是一种污染物,但因为含碳化石燃料的大量使用,使地球的碳循环失衡,大气中 CO_2 的体积分数已从工业时代开始的 2.8×10^{-4} 增加到现在的 3.6×10^{-4} 左右,加剧了"温室效应",从而引起了全人类的关注。

实际上,燃料在内燃机内不可能完全燃烧。这是因为内燃机一般转速很高,燃料燃烧过程占用的时间极短,燃料与助燃的空气不可能完全均匀混合,燃料的氧化反应不可能完全进行。因此排气中会出现不完全燃烧产物,如 CO 和未完全燃烧甚至完全未燃烧的碳氢化合物(HC)。对于点燃式内燃机,为了提高其全负荷转矩,不得不使用过量空气系数小于 1 的浓混合气,导致 CO 的排放量剧增;当内燃机冷起动时,燃料蒸发得不好,很大一部分燃料未经燃烧即被排出,导致了 HC 排放量的剧增。内燃机最高燃烧温度往往可达 2000℃ 以上,使空气中的氮在高温下氧化生成各种氮氧化物(NO_x),内燃机排放的氮氧化物绝大部分是 NO,少量是 NO_2,一般用 NO_x 表示。

在压缩式内燃机中,可燃混合气是在燃烧前和燃烧中的极短时间内形成的,其混合不均匀程度比点燃式内燃机更严重。缺氧的燃料在高温高压环境下会发生裂解、脱氢,最后生成炭烟粒子。这些炭烟粒子在降温过程中会吸附各种未燃烧或不完全燃烧的重质 HC 和其他凝聚相物质,进而构成压燃式内燃机的重要污染物——颗粒物(PM)。

通常,汽车排放的污染物以及与交通源相关的主要污染物有:CO、NO_x、HC 和 PM 等。

一、一氧化碳(CO)

CO 是一种无色无味、窒息性的有毒气体。由于 CO 和人体血液中有输氧能力的血红蛋白(Hb)的亲和能力是 O_2 与血红蛋白的亲和能力的 200~300 倍,因而,CO 能很快地与血红蛋白结合形成碳氧血红蛋白(HbCO),使血液的输氧能力大大降低。高浓度的 CO 能够引起人体生理和病理上的变化,使心脏、大脑等重要器官严重缺氧,引起头晕、恶心和头痛等症状。当空气中 CO 的体积分数超过 0.1% 时,就会导致头痛、心慌等中毒病状;当 CO 的体积分数超过 0.3% 时,则可在 30min 内致人死亡。不同体积分数的 CO 对人体健康的影响见表 3-1。

不同体积分数的 CO 对人体健康的影响　　　　　　　　　　　　表 3-1

Ψ_{CO} ($\times 10^{-6}$)	对人体健康的影响	Ψ_{CO} ($\times 10^{-6}$)	对人体健康的影响
5 ~ 10	对呼吸道患者有影响	120	1h 接触,中毒,血液中 HbCO 的含量 >10%
30	滞留 8h,视力及神经系统出现障碍,血液中的 HbCO 含量达到 5%	250	2h 接触,头痛,血液中 HbCO 的含量达到 40%
		500	2h 接触,剧烈心痛、眼花、虚脱
40	滞留 8h,出现气喘	3000	30min 即死亡

二、碳氢化合物(HC)

HC 包括碳氢燃料及其不完全燃烧产物、润滑油及其裂解和部分氧化产物,如烷烃、烯烃、环烷烃、芳香烃、醛、酮和有机酸等多种复杂成分。烷烃基本上无味,它在空气中可能存在的含量对人体健康不产生直接影响。烯烃略带甜味,有麻醉作用,对黏膜有刺激,经代谢转化会变成对基因有毒的环氧衍生物;烯烃有很强的光化学活性,与 NO_x 一起在日光中紫外线的作用下将形成具有很强毒性的"光化学烟雾"。芳香烃有芳香味,同时有危险的毒性,例如,苯在浓度较高时可能引起白血病,有损肝脏和中枢神经系统的作用;多环芳烃(PAH)及其衍生物有致癌作用。醛类是刺激性物质,其毒性随分子质量的减小而增大,且因出现双键而增强。来自内燃机排气的醛类主要是甲醛(HCHO)、乙醛(CH_3CHO)和丙烯醛(CH_2=CHCHO),它们会刺激眼结膜、呼吸道,并对血液有毒害。醛类在工作环境中连续暴露的最大允许体积分数分别为:HCHO 是 2×10^{-6},CH_3CHO、CH_2=CHCHO 是 0.1×10^{-6}。

三、氮氧化物(NO_x)

NO_x 主要是指 NO 及 NO_2。汽车尾气中 NO_x 的排放量取决于汽缸内的燃烧温度、燃烧时间和空燃比等因素。燃烧过程中排放的 NO_x 可能有 95% 以上是 NO_x,NO_2 只占少量。NO 是无色无味的气体,只有轻度刺激性,毒性不大,高浓度时会造成人体中枢神经的轻度障碍,NO 可被氧化成 NO_2。NO_2 是一种红棕色的气体,对眼、鼻、呼吸道及肺部有强烈的刺激作用,对人体的危害很大。NO_2 与血液中血红蛋白的结合能力比 CO 还强,因而对血液输氧能力的阻碍作用远高于 CO,NO_2 进入人体后和血液中的血红蛋白结合,使血液的输氧能力下降,会损害心脏、肝和肾等器官。NO_x 在大气中反应生成硝酸,成为酸雨的主要来源之一。同时,HC 和 NO_x 在大气环境中受强烈的太阳光紫外线照射后,会生成新的污染物——光化学烟雾。不同体积分数的 NO_2 对人体健康的影响见表 3-2。

不同体积分数的 NO₂ 对人体健康的影响   表 3-2

Ψ_{NO_2}（×10⁻⁶）	对人体健康的影响	Ψ_{NO_2}（×10⁻⁶）	对人体健康的影响
1	闻到臭味	80	3min,感到胸闷、恶心
5	闻到强烈臭味	150	30～60min 内因肺水肿而死亡
10～15	10min,眼、鼻、呼吸道受到刺激	250	很快死亡
50	1min 内人呼吸困难	—	—

四、光化学烟雾（PS）

光化学烟雾是排入大气的 NO_x 和 HC 受太阳光中紫外线的作用而产生的一种具有刺激性的浅蓝色烟雾。它具有强氧化性,能使橡胶开裂,刺激人的眼睛,伤害植物的叶子,并使大气能见度降低。光化学烟雾包含臭氧（O_3）、醛类、硝酸酯类（PAN）等多种复杂化合物。这些化合物都是光化学反应生成的二次污染物。当遇到不利于扩散的气象条件时,烟雾会积聚不散,从而造成大气污染事件。

在光化学反应中,臭氧（O_3）的质量分数占 85% 以上。日光辐射强度大是形成光化学烟雾的重要条件,因此,每年的夏季是光化学烟雾的高发季节;在一天中,下午 14 时前后是光化学烟雾达到峰值的时刻。在汽车排气污染严重的城市,大气中臭氧浓度的增高,可视为光化学烟雾形成的信号。

光化学烟雾对人体最突出的危害是刺激眼睛和上呼吸道黏膜,引起眼睛红肿和喉炎。当大气中臭氧的质量浓度达到 200～1000μg/m³ 时,会引起哮喘发作,导致上呼吸道疾病恶化,同时也刺激眼睛,使视觉敏感度和视力下降;当臭氧质量浓度为 400～1600μg/m³ 时,人体只要接触 2h 就会出现气管刺激症状,引起胸骨下疼痛和肺通透性降低,使机体缺氧;臭氧质量浓度再升高,就会出现头痛,并使肺部气道变窄,出现肺气肿。若接触时间过长,还会损害中枢神经,导致思维紊乱或引起肺水肿等。

光化学烟雾还会使大气的能见度降低,使视程缩短。这主要是由于污染物质在大气中形成的光化学烟雾气溶胶所引起的,这种气溶胶颗粒物的大小一般为 0.3～1.0μm。由于这样大小的颗粒物不易因重力的作用而沉降,能较长时间地悬浮于空气中,长距离地迁移,而且与人视觉能力可及的光波波长一致,并能散射太阳光,从而明显地降低大气的能见度,因而妨碍汽车与飞机等交通工具的安全运行,导致交通事故增多。

五、颗粒物（PM）

颗粒物的主要成分是炭烟、有机物质及少量的铅化合物、硫氧化物等。颗粒物对人体健康的影响主要取决于颗粒物的含量、人体在空气中暴露的时间及粒径的大小。柴油机排气中颗粒物的含量比汽油机高 30～60 倍,因而一般说到颗粒物都是指柴油机排气颗粒物。

炭烟是柴油发动机燃料燃烧不完全的产物,主要是指直径为 0.1～10μm 的多孔性炭粒。燃烧中各种各样的不完全燃烧产物可以以多种形式附着在多孔的、活性很强的炭粒表面,这些附着在炭粒表面的物质种类繁多,其中有些是致癌物质,并因含有少量的带有特殊臭味的乙醛,而引起人们的恶心和头晕等症状。另外,炭烟会影响道路上的能见度。

发动机废气中的铅化合物是为了改善汽油的抗爆性而加入的,它们以颗粒的形式排入大气中,是污染大气的有害物质。当人们吸入含有铅颗粒物的空气后,铅逐渐在人体内积累,当积累量达到一定程度时,铅将阻碍血液中红细胞的生成,使心、肺等处发生病变,侵入大脑时则会引起头痛,甚至引发一些精神病的症状。铅还会使汽车尾气净化装置——催化转化器中的催化剂中毒,影响其使用寿命。我国早在 2000 年起就全面禁止使用含铅汽油。

汽车内燃机尾气中硫氧化物的主要成分为二氧化硫(SO_2),主要来源于石油中较重组分(柴油、重油等)的燃烧。SO_2 是一种无色、有臭味的气体,性质活泼,能引起氧化作用,也参与还原反应,并可溶于水形成亚硫酸。SO_2 对人体健康有很大的影响,它刺激人体的眼和鼻黏膜等呼吸器官,引起鼻咽炎、气管炎、支气管炎、肺炎及哮喘病、肺心病等。当汽车使用催化净化装置时,就算很少量的 SO_2 也会逐渐在催化剂表面堆积,造成所谓的催化剂中毒,不但影响催化剂的使用寿命,还会危害人体健康。SO_2 还是形成酸雨的主要成分,也是影响城市能见度的主要原因之一。

颗粒物的粒径大小是决定其对人体健康危害程度的一个重要因素。粒径越小,越不易沉积,长期漂浮在大气中容易被人吸入体内,而且容易深入肺部。一般粒径在 $100\mu m$ 以上的颗粒物(PM_{100})会很快在大气中沉降;粒径 $10\mu m$ 以下的颗粒物(PM_{10})又叫作可吸入颗粒,可经呼吸道进入肺部,附着于肺泡上;粒径 $1\mu m$ 以下的颗粒物(PM_1)又叫作可入肺颗粒,可通过肺泡、血管壁进入人体器官。2013 年 2 月,全国科学技术名词审定委员会将粒径 $2.5\mu m$ 以下的颗粒物($PM_{2.5}$)中文名称命名为细颗粒物。粒径越小,粉尘的比表面积越大,物理、化学活性越强。此外,颗粒物的表面可以吸附空气中的各种有害气体及其他污染物,而成为它们的载体,被吸入人体,也会对人体造成损害。

第二节　机动车排放污染物的形成及测试原理

一、发动机的工作过程及原理

发动机是一种将燃料化学能通过燃烧放热转化为机械能的一种机械。机动车的排放污染物均是发动机在进行能量转换时的产物。

目前车用发动机几乎都是往复活塞点燃式或压燃式发动机,也有极少量的旋转活塞式发动机以及燃气轮机。现仅对往复活塞式发动机进行介绍。

根据每一工作循环所需的行程数不同,发动机可分为四冲程发动机和二冲程发动机。目前车用发动机绝大多数为四冲程发动机。

四冲程发动机的工作循环包括四个活塞行程,即进气行程、压缩行程、做功行程和排气行程,曲轴相应转过 $720°$(2 圈)。

常用示功图来分析研究发动机的工作过程,示功图有 $p-V$ 图和 $p-\varphi$ 图两种。所谓 $p-V$ 图(图 3-1)是指工作循环中汽缸内气体压力 p 与汽缸容积 V 之间的关系曲线(图 3-1),而 $p-\varphi$ 图则是汽缸压力 p 与曲轴转角 φ 之间的关系曲线。

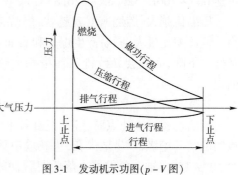

图 3-1　发动机示功图($p-V$ 图)

一个工作循环中所得到的有用功称为指示功,指示功的大小可以由 $p-V$ 图中闭合曲线占有的面积求得。

(一) 四冲程点燃式发动机(汽油机)的工作过程

图 3-2 所示的 $p-\varphi$ 示功图完整示出了四冲程汽油发动机一个工作循环。整个循环由进气行程、压缩行程、做功行程和排气行程组成。

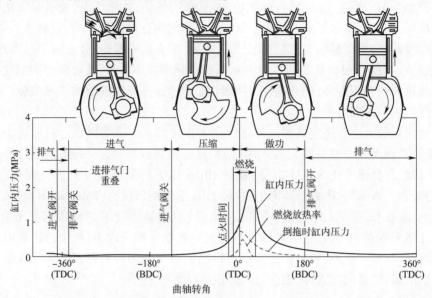

图 3-2 四冲程汽油发动机工作过程

1. 进气行程

进气行程中,进气门开启,排气门关闭。活塞由上止点向下止点运动,汽缸内压力降低到大气压力以下,在汽缸内和进气系统中形成真空吸力,在进气道内形成的可燃混合气被吸入汽缸。由于进气阻力和汽缸壁面及残余废气的加热作用,进气终了时的汽缸内压力约为 $75\sim90\text{kPa}$,混合气温度由室温升高至 $370\sim400\text{K}(96.85\sim126.85℃)$。

2. 压缩行程

为使进入汽缸的可燃混合气能迅速燃烧,使发动机得到高的热效率,燃烧前必须将可燃混合气压缩。压缩行程中,进气门和排气门全部关闭,活塞由下止点向上止点运动,汽缸内气体压力升高。压缩终了时,活塞到达上止点,可燃混合气压力可达到 $0.6\sim1.2\text{MPa}$,温度可达 $600\sim700\text{K}(326.85\sim426.85℃)$。

压缩比越大,燃烧速度就越快,燃烧温度越高,进而发动机发出的功率越大,热效率越高。但压缩比过大,则易产生爆燃和表面点火等不正常燃烧,这不仅会造成动力性和燃油经济性的下降,而且会导致排放污染物大幅度上升。因而压缩比的提高应以不发生爆震为前提。

3. 做功行程

当活塞接近上止点时,装在汽缸盖上的火花塞在高达 $10000\sim20000\text{V}$ 的电压下,击穿电极间的空气绝缘,产生电火花,火花放电区温度高达 $6000\text{K}(5726.85℃)$ 以上。在经历了一个 $10°\sim15°$ 曲轴转角的着火落后期后,可燃混合气被点燃形成火核。以火核为中心,火焰向四周传播,形成球面状的火焰前锋面。由于温度和压力的升高,图 3-2 中的示功图脱离压缩压力线急剧上升。

当火焰前锋面到达汽缸壁面附近时,缸内压力达到最大值,称为最高爆发压力 P_c。正常燃烧时,P_c 出现在上止点后 10°～15°曲轴转角,可达 3～5MPa。相应的最高燃烧温度可达 2000～2800℃。高温高压的燃气膨胀,推动活塞向下止点运动,通过连杆使曲轴旋转,输出机械功。而燃气本身随活塞下行而膨胀,温度和压力都很快降低。

4. 排气行程

当气体膨胀使活塞接近下止点时,排气门开启,燃烧室的废气首先在自身压力(0.3～0.5MPa)下,以声速流出汽缸,形成自由排气;活塞到达下止点后再次向上止点移动时,将废气强制排出汽缸。活塞到达上止点时,排气行程结束。由于燃烧室容积 V_c 的存在,废气不可能完全排尽,剩下的这部分废气称为残余废气。残余废气量的多少将影响下一工作循环。残余废气越多,则燃烧速度越慢,燃烧温度越低。

(二)四冲程压燃式发动机(柴油机)的工作过程

1. 柴油机与汽油机工作过程的不同

由于柴油发动机是用柴油作燃料,其黏度比汽油大,不易蒸发,而其自燃温度却较汽油低,故四冲程柴油机的混合气形成方式和燃烧方式都与汽油机有所不同。

柴油机在进气过程中吸入的是纯空气,而在压缩过程中,由于压缩比高,所以压缩终了时汽缸内气体压力可达 3.5～4.5MPa,温度可达 750～1000K(476.85～726.85℃),大大超过柴油的自燃温度。这时经高压喷油泵被加压到 10MPa 以上的柴油,通过喷油器以雾状喷入汽缸,先喷出的柴油在极短时间内完成蒸发、扩散以及与空气混合一系列过程,形成可燃混合气。在混合气浓度和温度都合适的地方首先自行着火燃烧,燃烧的速度取决于可燃混合气形成的速度。这种燃料一边扩散混合一边燃烧的方式称为扩散燃烧,而可燃混合气预先在燃烧空间之外生成的方式称为预混合燃烧。

由于柴油机的压缩比高,并且是大面积多点同时着火,因而其初期燃烧放热率、压力升高率以及最高爆发压力都比汽油机高,所以柴油机的热效率和燃油经济性明显好于汽油机。由于柴油机是在空气富余的条件下燃烧,因而不完全燃烧产物少。但由于燃油的扩散混合只能在极短的时间内进行,混合气浓度分布极不均匀,因此容易产生炭烟,而预混合燃烧一般不产生炭烟。

2. 柴油机的燃烧过程与燃烧放热规律

由于柴油机的燃烧过程远比汽油机复杂,控制难度极高,微小的差别都会使排放特性有很大的变化,因而往往要借助于示功图和燃烧放热规律对其进行详细分析,如图 3-3 所示,柴油机的燃烧过程可分为 4 个时期,即着火落后期①、速燃期②、缓燃期③和后燃期④。

1)着火落后期

着火落后期也称滞燃期,指从喷油开始到压力开始急剧升高(或燃烧放热规律曲线由 0 开始上升)的这段时期。着火落后期内,燃油要经历雾化、蒸发、与空气混合的物理过程,以及冷焰、蓝焰、热焰的低温多阶段化学过程,最后形成多点同时自行着火。着火落后期一般为 1～1.5ms,以曲轴转角计为 8″～12″,如后所述,着火落后期的长短对柴油机的排放和其他特性有着至关重要的影响。

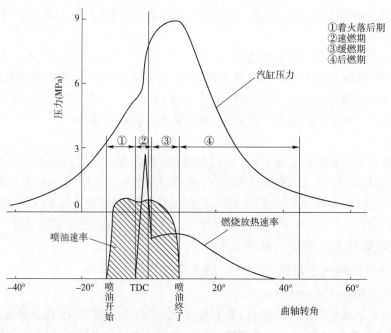

图 3-3　柴油机的燃烧过程

2）速燃期

速燃期指着火后压力急剧上升的时期。由于在着火落后期内做好燃前准备的大量可燃混合气同时着火燃烧,使汽缸内温度和压力急剧升高。在过量空气系数 λ 较小的高温缺氧区域产生大量的炭烟,而在 λ 较大的高温富氧区域产生大量的 NO_x。过急的压力升高还会导致过高的噪声和振动,评价速燃期的指标是速燃期内的压力升高与这一期间发动机转过的曲轴转角之比 $\Delta p/\Delta \varphi$(称为压力升高率)以及燃烧放热速率的峰值 $(dQ/d\varphi)\max$,而 $\Delta p/\Delta \varphi$ 和 $(dQ/d\varphi)\max$ 的大小取决于着火落后期内可燃混合气的生成量,即取决于着火落后期的长短和混合气形成速度。对于柴油机,$\Delta p/\Delta \varphi = 0.2 \sim 0.5MPa/°$,最高爆发压力 $Pc = 5 \sim 9MPa$,增压柴油机的 Pc 往往高达 10MPa 以上;对于汽油机,$\Delta p/\Delta \varphi = 0.15 \sim 0.3MPa/°$。由于速燃期内参与燃烧的主要是在着火落后期内预先作好燃前准备的可燃混合气,因而也称速燃期为预混合燃烧阶段。

3）缓燃期

由于大量预混合气被消耗,燃烧放热速率已明显降低。低负荷工况时燃油喷射在这之前已完成,但高负荷工况时喷油仍在继续。后续喷入的燃油一边扩散混合一边着火燃烧,燃烧放热速率取决于燃油的扩散混合速率,因此也被称为扩散燃烧阶段。燃烧的高温氛围使后续喷入的燃油蒸发速度加快,结果使燃烧放热速率再次加快,出现了柴油机特有的"双峰"状燃烧放热曲线,而将谷底作为预混合燃烧阶段与扩散燃烧阶段的分界点。由于在这期间燃油直接喷入火焰内,若混合不好,燃油接触不到空气,则会因高温缺氧产生炭烟。

4）后燃期

示功图中压力开始急剧下降到燃料基本燃烧完,这一期间称为后燃期。柴油机中,由于混合气形成时间短,混合很不均匀,总有一些燃料不能及时燃烧完,特别是在高速和高负荷时,过量空气系数较小,后燃现象比较严重。这就使燃料在远离上止点处燃烧放热,热量不能有效利用,增加了散入冷却水和排气中的热损失,导致发动机的热效率下降以及热负荷增大,因而应尽可能缩短后燃期和减少后燃期中的燃烧放热量。

二、发动机排放污染物形成的影响因素

(一)影响汽油机排放污染物形成的因素

1.混合气浓度(过量空气系数λ)和混合质量

汽油机中的有害排放物 CO、HC 和 NO_x 以及动力性和经济性随过量空气的变化如图 3-4所示。

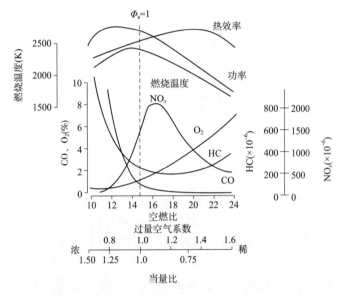

图 3-4　汽油机过量空气系数对有害排放物生成的影响

CO 和 HC 排放随过量空气系数的增大而急剧下降,这是因为空气量的增多使氧气增多,燃料能充分燃烧,从而使 CO 和 HC 的排放量减少,在 λ＝1 后,逐渐达到最低值;但 λ 过大(混合气浓度过稀)时,因燃烧不稳定甚至失火次数增多,导致 HC 排放量又有所回升。从降低 CO 和 HC 排放量的角度来讲,应避免在 λ＜1 的区域运转,但汽油机的最大功率出现在 λ＝0.8～0.9,急速和冷起动时更会降到 0.8 甚至更低,因而又是难以避免的。

而混合气的均匀性会影响 HC 的排放量,混合气均匀性越差,HC 排放量越多,废气相对过多会使火焰中心的形成及火焰的传播受阻甚至造成失火,加剧了 HC 的排放。

NO_x 的变化规律恰恰与 HC 和 CO 相反。由于 λ 既影响燃烧温度,又影响燃烧产物中氧的含量,所以对 NO_x 的排放量影响很大。当 λ＜1 时,燃烧是在还原性气氛中进行的,燃烧室内缺乏氧气,随着 λ 的减小,燃烧越来越不充分,汽缸内温度也越来越低,致使 NO_x 的生成也越来越低。相反,在 λ＞1 时,随着空气供给的逐渐充足,燃烧也越来越充分,汽缸内温度逐步升高,汽缸内氧含量也逐步增加,致使 NO_x 的生成量也急剧增加,由于燃烧最充分一般出现在 λ＝1.1 附近,此时汽缸内温度达到最高,同时还有适当的氧含量,因此 NO_x 的排放量在此处出现峰值。但如果 λ 进一步增大,汽缸内虽然氧含量增加,但未参与燃烧的空气量也在增加,燃烧释放的热量用于加热未燃空气的量也在增加,导致汽缸内温度下降,使 NO 的生成速度减慢,无法有效

形成 NO_x ,因此,显现出随着 λ 的越来越大, NO_x 排放量也有迅速下降的趋势。

2. 点火提前角

点火提前角对汽油机 HC 和 NO_x 以及燃油耗率的影响如图 3-5 所示。

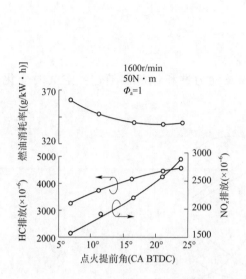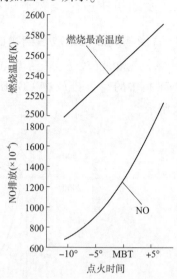

图 3-5　点火提前角对汽油机 HC 和 NO_x 排放量的影响

在 $\lambda = 1$ 的条件下,随点火提前角的推迟(角度变小), NO_x 和 HC 同时降低,燃油消耗率却明显恶化。这是因为随点火时间相对于最佳点火提前角(MBT)的推迟,燃烧等容度降低,后燃加重,使得热效率变差。但点火提前角推迟会导致排气温度上升,使得在排气行程以及排气管中 HC 氧化反应加速,最终排出的 HC 减少。增大点火提前角使较大部分的燃料在压缩上止点前燃烧,增大了最高燃烧压力值,从而导致了较高的燃烧温度,并使已燃气在高温下停留的时间加长,这两个因素都将导致 NO_x 排放量的增加。因此,延迟点火和使用比理论混合气较浓或较稀的混合气都能使 NO_x 的排放量降低,但同时也会导致发动机的热效率降低,严重影响发动机的经济性、动力性和运转稳定性,因此应慎重对待。

3. 运转参数

1) 汽油机转速

汽油机转速 n 的变化将引起过量空气系数、点火提前角、混合气形成、空燃比、汽缸内气体流动、汽油机温度及排气在排气管内停留时间等的变化。转速对排放量的影响是这些变化的综合影响。一般当 n 增加时,汽缸内气体的流动增强,燃油的雾化质量及均匀性得到改善,湍流强度增大,燃烧室温度提高,这些都有利于改善燃烧状况,降低 CO 及 HC 的排放量。在汽油机怠速时,由于转速低、汽油雾化差、混合气很浓、残余废气系数较大,因此 CO 及 HC 的排放浓度较高。从排放控制的角度看,希望将发动机的怠速转速规定得高一些。图 3-6 表示了怠速转速与排气中 CO、HC 含量的关系。当怠速转速为 600r/min 时,CO 的含量为 1.4% ;转速为 700r/min 时,CO 含量降为 1% 左右。这说明提高怠速转速,可有效地降低排气中 CO 的含量。

转速 n 的变化对 NO_x 排放量的影响较复杂。在燃用稀混合气、点火时间不变的条件下,从点火的火焰核心形成的点火延迟时间受转速的影响较小,火焰传播的起始角则随转速的增加而推迟。虽然随着转速的增加,火焰传播速度也有所提高,但提高的幅度不如燃用浓混合气时大。因此,有部分燃料在做功行程压力及温度均较低的情况下燃烧,NO_x 的生成量减少。在燃用较浓混合气时,火焰传播速度随转速的提高而提高,散热损失减少,缸内气体温度升高,NO_x 的生成量增加。图 3-7 中的曲线可以看出,NO_x 的排放量随转速 n 的变化而改变,特征的转折点发生在理论空燃比(过量空气系数 $\lambda = 1$)附近。

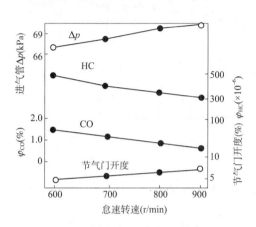 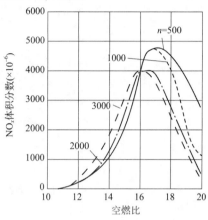

图 3-6 怠速转速对 CO 和 HC 排放量的影响　　　图 3-7 转速 n 的变化对 NO_x 排放量的影响

2)汽油机负荷

如果维持混合气空燃比及转速不变,并将点火提前角调整到最佳点,则负荷增加对 HC 排放量将基本没有影响。因为负荷增加虽使汽缸内的压力及温度升高,激冷层变薄,以及 HC 在膨胀及排气行程的氧化加速,但压力升高也使缝隙容积中未燃烃的储存量增加,从而抵消了前者对 HC 排放量的有利影响。在上述条件下,负荷变化对 CO 的排放量基本上也没有影响,但对 NO_x 的排放量有影响,如图 3-8 所示。汽油机是采用节气门控制负荷的,负荷增加,进气量就增加,从而降低了残余废气的稀释作用,使火焰传播速度得到了提高,汽缸内温度提高,排放增加。这一点在混合气较稀时更为明显。当混合气过浓时,由于氧气不足,负荷对 NO_x 排放量的影响不大。

3)汽油机冷却液及燃烧室壁面温度

燃烧室壁面温度直接影响激冷层的厚度和 HC 排气后的反应。提高汽油机冷却液及燃烧室壁面温度,可降低缝隙容积中储存的 HC 含量,减少激冷层的厚度,进而减少 HC 的排放。同时,还可改善燃油的蒸发、混合和雾化,提高燃烧质量。据研究,燃烧室壁面温度每升高 1℃,HC 的排放量(体积分数)相应降低 $(0.63 \sim 1.04) \times 10^{-6}$。因此,提高冷却介质的温度有利于减弱壁面激冷效应,降低 HC 的排放量。另外,冷却液及燃烧室壁面温度的提高也使燃烧最高温度增加,从而使 NO 的排放量随之增加。

4)排气背压

当排气管装上催化转化器后,排气背压必然受到影响。试验表明,排气背压增加,排气留在汽缸内的废气将增多,其中的未燃烃会在下一循环中燃烧掉,因此排气中的 HC 含量将降低。然而,如果排气背压过大,则留在汽缸内的废气过多,稀释了混合气,使燃烧恶化,排出的 HC 反而会增加。

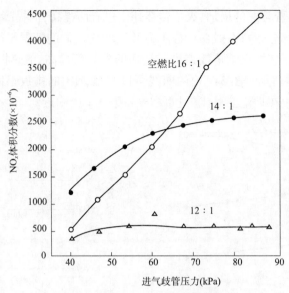

图 3-8 负荷变化对 NO_x 排放量的影响

5）积炭

汽油机运转一段时间之后，会在活塞顶部、燃烧室壁面和进气门、排气门上形成多孔积炭，这些积炭能吸附未燃混合气和燃料蒸气，在排气过程中再将其释放出来。因此，随着汽油机的运转时间持续加长，积炭生成的总量以及沉积物的厚度增加，HC 的排放量也将持续增加。然而，积炭对 CO 排放量几乎没有什么影响。清除积炭，可大大降低 HC 的排放量，但对 CO 的降低没有明显的效果。

随着积炭的增加，发动机的实际压缩比也随之增加，从而导致最高燃烧温度升高，NO_x 的排放量增加。汽油机在高负荷下运行时，积炭成了表面点火的点火源，除了使 NO_x 的排放量增加外，还有可能使机件烧蚀。

4. 燃烧室面容比

燃烧室面容比增大，单位容积的激冷面积也随之增大，激冷层中的未燃烃总量必然也增大。因此，降低燃烧室面容比是降低汽油机 HC 排放量的一项重要措施。

5. 环境的影响

1）进气温度的影响

随着环境温度的上升，空气密度将变小，而汽油的密度几乎不变，发动机供给的可燃混合气的空燃比随吸入空气温度的上升而降低，混合气相对越来越浓，导致燃烧不充分，排出的 CO 和 HC 均有所增加。

2）大气压力的影响

大气压力 p（kPa）的不同，会使空气的密度 ρ（kg/m³）也随之发生变化。当忽略空气中饱和水蒸气的蒸气压时，空气密度与大气压力和环境温度有如下关系：

$$\rho = 1.293 \times \frac{273p}{(273 + T) \times 101.3} \tag{3-1}$$

式中：p——当地大气压力，kPa；

T——环境温度，℃。

可以认为,空气密度与大气压力成正比,从简单化油器理论可知,空燃比与空气密度的平方根成正比。所以当进气管压力降低时,空气密度下降,空燃比也就下降,从而导致CO和HC的排放量增大,NO_x的排放量减少。

3)大气湿度的影响

大气湿度对NO_x排放量的影响特别大,主要可以从以下两个方面考虑:①大气湿度的变化使空燃比的变化超过了反馈控制区域;②随着大气湿度的增加,燃烧室内气体的热容量增大,最高燃烧温度降低。

空燃比随大气湿度变化的关系式如下:

$$空燃比 = \frac{V_a(1 - H_m)\rho}{m_F} \qquad (3-2)$$

式中:V_a——发动机吸入的空气量,m^3;

　　ρ——空气的密度,kg/m^3;

　　m_F——燃料消耗量,kg;

　　H_m——绝对湿度。

可见随绝对湿度的增大,空燃比减小。大气湿度增大后,水分带走了燃烧放出的热量,使最高燃烧温度降低,NO_x的排放量减少。因此在排放试验规范中应使用湿度修正系数。

$$k_H = \frac{1}{1 - 0.0329 \times (H - 10.71)} \qquad (3-3)$$

$$H = \frac{6.2111 \times R_a \times p_d}{p_B - \left(p_d \times \dfrac{R_a}{100}\right)} \qquad (3-4)$$

式中:k_H——湿度修正系数;

　　H——绝对湿度,g(水)/kg(干空气);

　　R_a——环境空气的相对湿度,%;

　　p_d——环境温度下水蒸气的饱和蒸气压,kPa,如果环境温度大于30℃,应使用30℃的饱和蒸气压代替;

　　p_B——大气压力,kPa。

6.燃料品质的影响

1)辛烷值的影响

辛烷值是表示汽油抗爆性的指标,它不仅反映燃料抗爆性的强弱,而且对汽油机的排放有影响。汽油的辛烷值高,则其抗爆燃能力强,并且随着辛烷值的提高,CO和HC的排放量随之降低;辛烷值低可能引起较强的爆燃,并增加NO_x的排放量,特别是在较稀混合气的情况下更加显著。较低的辛烷值限制了发动机的压缩比,导致发动机热效率低,总的污染物排放量增加,特别是CO_2的排放量也随之上升。

为提高汽油的辛烷值,可以在燃油中加入含氧的组分甲基叔丁基醚(MTBE)、乙基叔丁基醚(ETBE)或乙醇等。对于化油器式发动机和开环控制的发动机,在燃油中加入含氧化合物可使排放量降低;但对于采用闭环控制的、燃用理论空燃比的发动机,含氧化合物的加入,则会因富氧而干扰氧传感器闭环控制系统的工作,使发动机的混合比偏离理论值而变得稍稀,从而使催化器的转换效率降低,NO_x的排放量增加。对于稀燃发动机,如果添加的含氧组分比例过大,则可能导致发动机的混合气过稀,使其工作稳定性变差,导致排放增加。

人们曾经想使用甲基环戊烯三羰基锰(MMT)代替甲基叔丁基醚以提高汽油的抗爆性,但使用这种添加剂在许多国家是有争议的。汽油中的 MMT 在燃烧后以氧化锰等形式排出,同时沉积在燃烧室和排气系统内。而锰沉淀物会使火花塞失火,增加排放量;它沉积在催化器上会引起催化器表面的堵塞,使催化剂的起燃特性和稳态转化效率均变差,同时,沉积在催化剂表面的锰沉积物有足够的氧存储作用,可能造成催化器监测器的误报。

在无铅汽油中加入铁化合物(如二茂铁)可提高辛烷值,但铁基添加剂燃烧后产生的铁氧化物沉积在催化剂和氧传感器上,使得排放控制系统的功能变差,污染物排放量上升。

2)硫含量的影响

硫天然存在于原油中,如果炼油过程中未进行脱硫处理,则汽油将受其污染。硫可降低三元催化转化器的效率,对氧传感器也有不利的影响,从而会使车用汽油机排放增加。不论发动机的技术水平和状态如何,当汽油中硫的质量分数从 10^{-4} 降到 10^{-5} 数量级时,HC、CO 和 NO_x 的排放量等均有显著的下降。高硫汽油会引起车载诊断系统的混乱和误报。

3)烯烃的影响

在许多情况下,烯烃是汽油提高辛烷值的理想成分。但烯烃的热稳定性差,导致其易形成胶质,并沉积在进气系统中,影响燃烧效果,增加排放。活泼烯烃是光化学烟雾的前体物,它蒸发排放到大气中会引起光化学反应,进而引起光化学污染。我国许多城市在夏季、秋季发生过空气臭氧浓度超标的光化学烟雾型空气污染,这与使用高烯烃汽油有直接关系。

4)芳香烃的影响

芳香烃具有很高的辛烷值[研究法辛烷值(RON)>100,马达法辛烷值(MON)>95],所以添加芳香烃组分,是炼油工业为使汽油达到现代车用汽油所需要抗爆性水平而使用的一种手段。随着汽油的无铅化,这种增加汽油中芳香烃含量的趋势正在加强。但由于芳香烃分子的结构比烷烃稳定,燃烧速度较慢,在其他条件相同的情况下,将导致较高的未燃 HC 排放量。当将含芳香烃多的高级汽油改为烷烃汽油时,HC 的排放量明显下降。芳香烃具有较高的碳氢质量比,因而有较高的密度和较高的 CO_2 排放量。汽油中芳香烃的质量分数从 50% 降到 20%,其 CO_2 排放量可减少 5% 左右。芳香烃的燃烧温度高,从而增加了 NO_x 排放量。重的芳香烃和其他高分子重化合物都有可能在汽油机燃烧室表面形成沉积物,增加排气中 HC 和 NO_x 的排放量。现代车用汽油正逐步限制芳香烃的含量,特别是对苯含量的限制尤为严格。

5)蒸发性的影响

汽油从液态变为气态的性质称为汽油的蒸发性。汽油能否在进气系统中形成良好的可燃混合气,其蒸发性是主要的影响因素。汽油的蒸发性一般用蒸馏曲线(馏程)和在 37.8℃ 时测得的雷德蒸气压 RVP 表示。汽油的雷德蒸气压 RVP 应根据季节和使用地区的气候条件适当加以控制。高温时要严格控制 RVP,尽量减少热油产生的问题,如燃油供给系统的气阻和蒸发排放控制系统炭罐的过载。在高温下控制 RVP,对减少发动机及加油时的蒸发排放也有影响。低温时,要有足够的 RVP,以得到好的起动性能和暖机性能。汽油的挥发性对 NO_x 的排放量没有影响,对 CO 排放量的影响也很小。

（二）影响柴油机排放污染物形成的因素

1. 过量空气系数

过量空气系数 λ 对柴油机排放污染物的影响如图 3-9 所示。柴油机总是在 $\lambda > 1$ 的混合气条件下运转，因此 CO 的排放量一般比汽油机低得多，只有在高负荷时（$\lambda < 1.5$）才开始急剧增加。但柴油机的特征是燃料与空气混合不均匀，其燃烧空间内总有局部缺氧和低温的地方，而且反应物在燃烧区停留的时间较短，不足以彻底完成燃烧过程而生成 CO 并排放，这就可以解释图 3-9 中在小负荷时尽管 λ 很大，CO 排放量反而上升，尤其是在高运转时这一现象更明显。

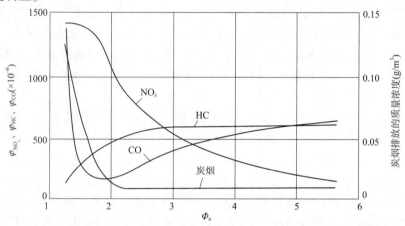

图 3-9　柴油机排放污染物与过量空气系数 λ 的关系

柴油机的 HC 排放量随 λ 的增加而增加。λ 增大，则混合气变稀，燃油不能自燃，或者火焰不能传播，HC 排放量增加。在中小负荷条件下（$\lambda > 2$），由于在燃油喷雾边缘区域形成了过稀混合气及汽缸内温度过低的原因，造成 HC 排放量略有上升，但仍比汽油机低得多。所以，在怠速或小负荷工况时，HC 排放量高于全负荷工况。缸内缺火会引起大量的 HC 排放，柴油机冷起动期间会发生缺火现象，排气将冒白烟，它基本上是由颗粒状的未燃柴油构成的。

NO_x 的生成主要受到氧气含量、燃烧温度及燃烧产物在高温中停留时间的影响。对柴油机而言，小负荷时，λ 增加，混合气中有较充足的氧气，但燃烧室内的温度较低，故 NO_x 的排放量也较低；当 $\lambda < 1.5$ 时，燃烧室内气体的温度升高，但混合气的氧含量降低，这又抑制了 NO_x 的生成。

柴油机中炭烟排放质量浓度随 λ 的变化也在图 3-9 中示出。尽管在炭烟的生成机理中已讨论过，$\lambda > 0.6$ 的区域理论上不应产生炭烟，但由于柴油机混合气浓度分布得极不均匀，局部缺氧使得当 $\lambda \leq 2$ 时，炭烟急剧增多。加强混合可以改善局部缺氧状况，使冒烟极限向化学当量比 $\lambda = 1$ 靠近。

2. 进气涡流

适当增加燃烧室内空气涡流的强度，可使油滴蒸发速度加快，空气卷入量增多，从而改善燃油与空气的混合，提高混合气的均匀性，改善混合气的品质，以减少炭烟排放量。另外，涡流能加速燃烧，使汽缸内的最高燃烧压力和温度提高，这些有利于未燃烃的氧化，可提高燃油经济性,降低 CO 排放量。但若空气涡流过强,则相邻喷注之间将互相重叠和干涉,使混合气过浓或过稀的现象更加严重,反而会使 HC 排放量增加。另外,随着缸内空气涡流的加速及燃烧的加快,NO_x 排放量也可能增加。

3. 转速和负荷

1)对柴油机 CO、HC、NO_x 排放量的影响

柴油机转速的变化会使与燃烧有关的气体流动、燃油雾化与混合气质量发生变化,而这些变化对 NO_x 及 HC 的排放量都会产生影响。不过,转速变化对直喷式柴油机 NO_x 及 HC 排放量的影响不明显。

柴油机转速变化对 CO 排放量的影响较大。柴油机在高速运行时,其过量空气系数较低,在很短的时间内要组织良好的混合气及燃烧过程是较为困难的,燃烧不易完善,故 CO 的排放量高。而在低速特别是怠速空转时,由于缸内温度低,喷油速率不高,燃料雾化差,燃烧不完善,故 CO 的排放量也较高。因此,CO 排放量仅会在某一转速时最低,该最低排放时转速与发动机喷油质量、涡流形式、强度等有关。

在小负荷时,由于喷油量少,缸内气体的温度低,氧化作用弱,因此 CO 的排放浓度高。随着负荷的增加,气体温度升高,氧化作用增强,可使 CO 的排放量减少。当大负荷或全负荷时,由于氧浓度变低和喷油后期的供油量增加,反应时间短,使 CO 的排放量又有所增加。

HC 排放量随负荷的增加而减少。在怠速和小负荷时,喷油量小,可以假定燃油喷注达不到壁面,且喷注核心燃料的浓度也小。这时由燃料燃烧引起的该区局部温度的上升是很小的,因而反应速率慢。随着燃油分子向包围该区的空气中扩散,由于其浓度很低,使得燃油的氧化反应变弱。因此,在怠速和小负荷时,HC 的排放浓度是最高的。随着负荷的增加,燃烧温度升高,氧化反应的速度随着温度的升高而加快,结果是使 HC 的排放量减少。涡轮增压柴油机的缸内温度比非增压柴油机更高,故随着负荷的增加,其 HC 排放量更低些。

随着负荷的增大,可燃混合气的平均空燃比减小,使燃烧压力和温度提高,从而导致随负荷的增大,柴油机的 NO_x 排放量也显著增加。但当负荷超过某一限度时,燃烧室中的氧含量相对缺少而导致燃烧恶化,温度升高的效果被氧含量的相对减少所抵消,甚至有余,致使此时的 NO_x 排放量不升反降。此情形在超负荷运转时更为明显。

柴油机转速对 NO_x 排放量的影响比负荷的影响小。对于非增压柴油机,一般最大转矩转速下,NO_x 的排放量大于标定转速下的值,其原因主要是在低转速下,NO_x 的生成反应占用了较多的时间。

2)对柴油机颗粒物排放量的影响

转速和负荷对柴油机颗粒物排放量的影响主要呈现出:在高速小负荷时,单位油耗的颗粒物排放量较大,且随负荷的增加,颗粒物排放量减少;在低速大负荷时,颗粒物排放量又由于空燃比的增加而有升高的趋势。

颗粒物排放量随负荷有这样的变化趋势:由于小负荷时的空燃比和温度均较低、汽缸内稀薄混合气区较大,且处于燃烧界限之外而不能燃烧,形成了冷凝聚合的有利条件,从而有较多颗粒物(主要成分是未燃燃油成分和部分氧化反应产物)生成;在大负荷时,空燃比和温度均较高,形成了裂解和脱氢的有利条件,使颗粒物(主要成分是炭烟)排放量又有所升高;在接近全负荷时,颗粒物排放量急剧增加(接近冒烟界限),这时虽然总体的 λ 尚大于 1,但

由于燃烧室内的可燃混合气不均匀,局部会过浓,导致颗粒物大量生成。

颗粒物排放量与转速之所以有这样的变化关系:由于小负荷时温度低,以未燃油滴为主的颗粒物的氧化作用微弱;当转速升高时,这种氧化作用又受到时间因素的制约,故颗粒物排放量随转速的升高而增加;在大负荷时,转速的升高有利于气流运动的加强,使燃烧速度加快,对炭烟颗粒物在高温条件下与空气混合氧化起到促进作用,故以炭烟为主的颗粒物排放量随转速的升高而减小。如仅考虑炭烟排放,对车速适应性好的柴油机而言,其峰值浓度往往出现在低速大负荷区。

4. 喷油参数

1）喷油提前角

喷油提前角对柴油机 NO_x、炭烟、HC 排放量的影响较大。推迟喷油可使最高燃烧温度和压力下降,燃烧变得柔和,NO_x 的生成量减少。所以,推迟喷油是降低柴油机 NO_x 排放量最简单易行且十分有效的办法。当然,推迟喷油也会导致燃油消耗率上升,与此同时,CO、HC 的排放量也会上升,排气温度和烟度也升。所以,利用推迟喷油的方式降低 NO_x 排放量的同时,必须优化燃烧过程,以加速燃烧并使燃烧更完全。

在直喷式柴油机中,当所有其他参数不变时,提前喷油或非常迟的喷油,可以降低排气烟度。

提前喷油使排气烟度下降的原因是:滞燃期随喷油提前角的加大而延长,使着火前的喷油量较多,燃烧温度较高,燃烧过程结束得较早,从而使排气烟度下降。但喷油提前会使燃烧噪声和柴油机的机械负荷与热负荷加大,还会引起 NO_x 排放量的增加。

非常迟的喷油使排气烟度下降的原因是:这种喷油正时发生于最小滞燃期之后,由于扩散火焰大部分发生在膨胀过程中,火焰温度较低,从而使炭烟的生成速率降低。

2）喷油压力

提高喷油压力,改善燃油雾化(减小油雾的平均直径),能促进燃油与空气的混合,改善油气混合的均匀性,从而减少烟粒的生成。试验证明,不论柴油机的转速高低、负荷大小,烟粒排放量均随最大喷油压力的提高而降低。应注意,在较高的转速和较大负荷(较大循环供油量)下,同样的喷油装置有较高的喷油压力。采用较高的喷油压力还可使柴油机具有较高的排气再循环率(EGR 率)。增大 EGR 率可降低 NO_x 的排放量,但也往往会导致烟粒和 HC 排放量的上升。

3）喷油规律

当大部分燃油在前半段时间内喷入汽缸时,参与预混燃烧的油量增多,故排烟含量低而 NO_x 含量高;反之,当大部分燃油在后半段时间喷入汽缸时,参与扩散燃烧的油量增多,故排烟含量高而 NO_x 含量低。在提高初始喷油速率的前提下,如能减小喷油持续角,则可使燃烧过程较快结束,从而改善炭烟排放。

5. 增压

增压后进气中氧含量的提高使燃烧室内火焰的温度提高,可以降低炭烟排放量,但 NO_x 排放量也会增加。增压后空气温度可达 $100 \sim 150℃$,也使最高燃烧温度相应提高。若对增压空气进行中间冷却而降低缸内充量温度,可以缓和这种趋势。对于增压柴油机中 NO_x 排放量的增加,一般可利用推迟喷油的办法加以补偿。

6. 燃料品质的影响

1) 十六烷值的影响

柴油的十六烷值对柴油机燃烧的滞燃期有很大的影响。如果十六烷值较低,则滞燃期较长,初期预混燃烧的燃油量增加,初期放热率峰值和最高燃烧温度较高,使 NO_x 的排放量增加;如果十六烷值较高,可推迟喷油,这样有利于在保持燃油经济性的条件下降低 NO_x 的排放量。另外,高十六烷值的柴油易于自燃,可降低柴油机 CO 和 HC 的排放量。十六烷值对 PM 排放量的影响比较复杂,在不同条件下可能得出相反的结果。

十六烷值也影响柴油机的蓝烟和白烟的排放,它们是在柴油机冷起动时或在高海拔地区运转时,由因大气压力下降而产生的未燃烧柴油液滴组成的排气烟雾。当十六烷值下降时,柴油机的冷起动性能变差,柴油机容易排气冒白烟,导致排放增加。

2) 硫含量的影响

一般柴油中含有比汽油高得多的硫分。柴油中的硫在柴油机中燃烧后,以 SO_2 的形式随排气排出,其中一部分 SO_2(2% ~ 3%)被氧化成 SO_3,然后与水结合形成硫酸和硫酸盐。由于硫酸盐是非常吸水的,在环境大气平均相对湿度为 50% 的情况下,每 1g 硫酸盐可吸 1.3g 水,所以在滤纸上沉积的硫酸盐含有 53% 的水和 47% 的干硫酸盐。如果使柴油中硫的质量分数从 3×10^{-3} 减小到 5×10^{-4},柴油机的 PM 排放量可下降 10% ~ 15%。有一项估计是柴油中硫的质量分数每下降 0.1%,柴油机的 PM 排放会下降 0.02 ~ 0.03g/(kW·h)。

现在正在开发的能从发动机富氧排气中降低 NO_x 排放量的 $DeNO_x$ 催化剂,对柴油的硫含量极为敏感,特别是吸附还原性催化剂极易因硫中毒而失效。柴油机用氧化性催化剂易于把 SO_2 氧化成 SO_3,导致硫酸盐的量大大增加。所以从柴油机排气催化净化的角度出发,降低柴油的硫含量是极为必要和迫切的,降低柴油的硫含量也有助于减少柴油机排气中难闻的气味。但降低硫含量是通过在炼油工艺中加氢生成硫化氢来实现的,这个过程增加了炼油的能耗和 CO_2 的排放量,同时提高了成本。

3) 芳香烃的影响

柴油的芳香烃含量直接影响其十六烷值,两者之间有逆变关系,只有添加十六烷值改善剂才能打破这种关系。例如,添加 0.5%(质量分数)的辛基硝酸酯,可使十六烷值从 42 提高到 52。芳香烃是柴油中的有害成分,其燃烧时冒烟倾向严重,所以当柴油中芳香烃的体积分数增加时,柴油机 PM 排放的质量浓度将急剧增加。

4) 黏度、密度及馏程的影响

当柴油的黏度增加时,喷油时油束的雾化变差,燃烧恶化,炭烟排放增加。柴油的密度较高,会导致 PM 排放量增加,因为柴油密度超过柴油机标定范围会造成过度供油效应。柴油的馏程也影响柴油机的 PM 排放量,较重的馏分组成会使柴油喷注雾化变差,使蒸发迟缓,易形成局部过浓的混合气,产生较多的 PM。

5) 添加剂的影响

在柴油中加入少量碱土金属或过渡金属(Ba、Ca、Fe、Mn 等)的环烷酸盐或硬脂酸盐,可显著降低柴油机排气的烟度,这类添加剂被称为消烟剂。消烟效果主要取决于阳离子(金属)的类型,而阴离子的影响很小。Ba 的效果很好,其次为 Ca、Mn 等。虽然 Ba 对降低烟度的效果明显,但排气的 PM 含量则先随着 Ba 的增加快速下降,然后又逐渐上升,这主要是由

Ba 的氧化物造成的。当柴油的硫含量较高时,与 Ba 会形成较多的 $BaSO_4$,有时甚至会使 PM 的排放量不降反升。消烟剂使 PM 粒度分布向较小尺寸方向移动,导致环境效应更加恶化。由于这些理由及这类重金属大多数对人体有害,所以不推荐使用消烟剂。

柴油中还可能加有有机添加剂,如可缩短滞燃期的十六烷值改善剂及稳定剂、表面活性剂等,一般都能改善柴油机的排放状况。

三、发动机排放污染物各成分的测试原理

目前,按照国家标准,主要需要对机动车排气污染物中的 CO、CO_2、HC、NO_x、O_2、PM 等进行检测。

其中,CO、HC 和 CO_2 的测量采用不分光红外法(NDIR);NO_x 的测量优先采用红外法(IR)、紫外法(UV)或化学发光法(CLD),不能采用电化学原理测量 NO_x;O_2 测量可以采用电化学法(ECD);PM 则使用分流式不透光法进行检测。

(一)红外法(IR)及紫外法(UV)

1. 测试原理

在物理学中,我们已经知道可见光、不可见光、红外光及无线电等都是电磁波,它们之间的差别只是波长(或频率)的不同而已。图 3-10 是将各种不同的电磁波按照波长(或频率)排成的波谱图,称之为电磁波波谱。

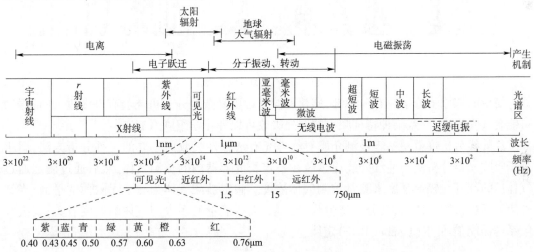

图 3-10 电磁波波谱图

红外线是电磁波波谱中的一段,属于不可见光波的范畴,介于可见光区和微波区之间。红外线的波长大于可见光线,其波长为 $0.75 \sim 1000\mu m$。红外线可分为三部分,即近红外线,波长为 $0.75 \sim 1.50\mu m$ 之间;中红外线,波长为 $1.50 \sim 6.0\mu m$ 之间;远红外线,波长为 $6.0 \sim 1000\mu m$ 之间。在整个电磁波波谱中红外波段的热功率最大,红外辐射主要是热辐射,在红外线分析仪中,使用的波长范围通常在 $1 \sim 16\mu m$ 之间。

红外光谱又称分子振动转动光谱。当样品收到频率连续变化的红外光照射时,分子吸收了某些频率的辐射,产生分子振动和转动能级从基态到激发态的跃迁,使相应于这些吸收区域的透射光或反射光强度减弱。记录红外光的百分透射或反射比与波数或波长关系的曲

线,就得到红外光谱。红外光谱法的工作原理是由于分子振动能级不同,化学键具有不同的频率。共振频率或者振动频率取决于分子等势面的形状、原子质量和最终的相关振动耦合。红外光谱法不仅能够进行定性和定量分析,并且从分子的特征吸收可以鉴定化合物和分子结构。

红外吸收法是基于气体的吸收光谱随物质的不同而存在差异的机理进行检测的。由于各种物质的分子本身都固有一个特定的振动和转动频率,只有在红外光谱的频率与分子本身的特定频率相一致时,这种分子才能吸收红外光谱辐射能。所以各种气体并不是对红外光谱范围内所有波长的辐射能都具有吸收能力,而是有选择性的,即不同的分子混合物只能吸收某一波长范围或某几个波长范围的红外辐射能。当红外线通过介质时,能被某些分子和原子所吸收,吸收的波带取决于分子和原子的结构。由于各种物质的分子本身都有一个特定的振动和转动频率,只有在红外线光谱的频率与分子本身的特有频率一致时,这种分子才能吸收红外光谱辐射能,该红外辐射的波长称为该种分子的特征吸收波长(其实所谓特征吸收波长就是指特征吸收峰处的波长),如图 3-11 所示。

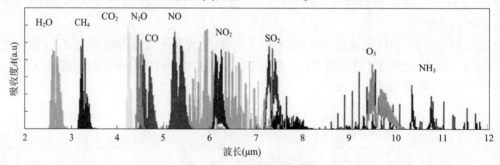

图 3-11　部分气体红外吸收光谱

简单的双原子分子只有一种键,那就是伸缩。更复杂的分子可能会有许多键,并且振动可能会共轭出现,导致某种特征频率的红外吸收可以和化学组联系起来。

红外线分析仪就是基于被测介质对红外光有选择性吸收而建立的一种分析方法,属于分子吸收光谱分析法。使红外线通过装在一定长度容器内的被测气体,然后通过测定通过气体后的红外线辐射强度来测量被测气体浓度。假定被测气体为一个无限薄的平面,当红外辐射通过被测气体时,其分子将吸收光能量,吸收能量的多少与气体的浓度有关,其吸收关系遵循朗伯-贝尔(Lamber-Beer)定律:

$$I = I_0 \, e^{-kcl} \tag{3-5}$$

式中:I——经被测组分吸收后的光强度;

　　　I_0——射入被测组分的光强度;

　　　k——被测组分对光能的吸收系数;

　　　c——被测组分的摩尔百分比浓度;

　　　l——光线通过被测组分的长度(气室长度)。

根据上述公式可以看出,待测组分是按照指数规律对红外辐射能量进行吸收的,当 kcl 很小时,上式可简化为线性吸收定律:

$$I = I_0(1 - kcl) \tag{3-6}$$

当 cl 很小时,辐射能量的衰减与待测组分的浓度呈线性关系。为了保证读数呈线性关系,当待测组分浓度大时,分析仪的测量气室较短;当待测组分浓度低时,测量气室较长。经吸收后的光能用检测器检测,转换为被测浓度的变化。

紫外法(UV)与红外法(IR)类似,也是使用选择性检测器测定样品气中特定成分引起紫外线吸收量的变化来确定气体的浓度。

2.光谱测量的特点

红外光谱测量存在着以下的优点和缺点:

(1)测量范围宽:可分析气体上限达100%,下限达几个 ppm(百万分之一)的浓度。进行精细化处理后,还可以进行痕量(ppb)分析(物质中含量在百万分之一以下组合的分析方法)。

(2)灵敏度高:具有高的监测灵敏度,气体浓度有微小变化都能分辨出。

(3)测量精度高:与其他分析手段相比,它的精度较高且稳定性好,反应速度快,响应时间一般在10s以内。

(4)不能分析对称结构无极性双原子分子(如 N_2、O_2、H_2)及单原子分子气体(He、Ne、Ar),或者需要和其他检测设备共同使用才能测量。

(5)紫外法相对红外法的测量精确度不高,同等性能、功能情况下仪器价格比红外线高。

3.光谱研究的方法

研究光谱的方法主要是吸收光谱法。使用的光谱有两种类型:一种是单通道或多通道测量的棱镜或光栅色散型光谱仪;另一种是利用双光束干涉原理并进行干涉图的傅里叶变换,数学处理的非色散型的傅里叶变换红外光谱仪。

棱镜式色散型光谱仪属于第一代产品,其对温度、湿度敏感,对环境要求较为苛刻;光栅色散型光谱仪则属于第二代产品,其仪器分辨率、测量波段有所提高;目前主要采用的是干涉型傅立叶变换红外光谱仪(第三代),其测量光谱范围宽、测量精度高,具有极高的分辨率以及极快的测量速度。

傅里叶变换红外光谱法(FTIR)的原理是:将光束穿过气体样品后,利用气体分子吸收特定波长红外线的特性,比对红外线吸收图谱与标准图谱,即可判断气体的种类。而物种浓度则遵循朗伯—贝尔定律,利用气体分子吸收强度与浓度成正比的关系,计算光谱的吸收强度即可得知。傅里叶变换红外光谱仪结构框图如图3-12所示。

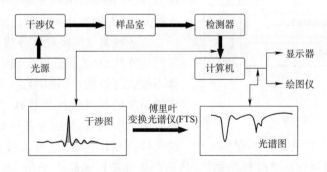

图3-12 傅里叶变换红外光谱仪结构框图

(二)不分光红外法(NDIR)

采用傅里叶变换红外光谱法(FTIR)进行各种气体的分析,能在不破坏样品组成的情况下同时对多种组分连续、实时进行分析,具有灵敏、快捷、准确、测定范围广、能实现多组分同时在线分析的优点。

但是进行分析前,光源是需要进行分光才能获得特定波长的光谱,而分光则需要采用棱镜的。由于棱镜分光必须采用机械转动的方法,因此并不适合用于便携式仪器和现场类仪器,在这种情况下,滤光片分光就成了这类红外气体检测仪器的首选。由于滤光片不能像棱镜分光那样仔细地将波长分成单波长,因此又称为非色散红外方法,即 NDIR(不分光红外法)。特定波长的获得如图 3-13 所示。

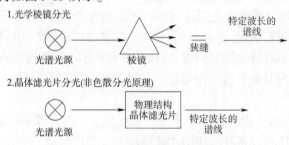

图 3-13　特定波长的获得

根据机动车尾气排放污染物的特性,采用不分光红外法(NDIR)测量机动车尾气中的 CO、HC 和 CO_2。

不分光红外法是根据不同气体对红外线的选择性吸收原理提出来的。红外线是波长为 $0.8\sim600\mu m$ 的电磁波,多数气体具有吸收特定波长红外线的能力。除单原子气体(如氩气 Ar、氖气 Ne)和同原子的双原子气体(如氮气 N_2、氧气 O_2、氢气 H_2 等)之外,大多数非对称分子(由不同原子构成的分子)都具有吸收红外线的特性。汽车排气中的有害气体均为非对称分子,如 CO 能吸收波长为 $4.68\mu m$ 的红外线,CO_2 能吸收波长为 $4.35\mu m$ 的红外线,HC 能吸收波长为 $3.4\mu m$ 的红外线。所谓"不分光红外线"是指对于特定的被测气体,测量时所用的红外线的波长是一定的。

根据不分光红外线法检测气体浓度的仪器叫不分光红外线分析仪,其内部结构如图 3-14 所示。参比室中充满了不吸收红外线的气体(如 N_2),被测气体通过气体进口进入气样室,从红外光源射出的强度为 I_0 的红外线经过栅状截光盘,周期性地射入参比室和气样室。

由于被测气体吸收红外线,使得透射过气样室的红外线减少,其强度变成了 I;而参比室的气体不吸收红外线,其透射红外线强度仍为 I_0;两室透射出的红外线周期性地进入检测器。检测器有两个接收室,里面充有与被测气体成分相同的气体,中间用兼做电容器极板的金属膜隔开,

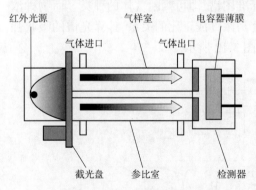

图 3-14　不分光红外线分析仪结构

接收室内的气体周期性地被红外线加热,从而产生周期性的压力变化。由于来自气样室的红外线强度 I 小于来自参比室的红外线强度 I_0,电容器薄膜向气样室一侧凸起,电容量减少,并且正比于被测气体的浓度。通过测量电容转换的电压信号,就能测出被测气体的浓度。

值得注意的是,不分光红外法(NDIR)对 CO 及 CO_2 有较高的测量精度,但是,只能检测某一波长段的 HC,而发动机排气中包含上百种 HC,无法完全测量。目前现行国家标准中要求在检测器的接收室内填充正己烷(C_6H_{14}),主要测量尾气中饱和烃的含量,不测量非饱和烃和芳香烃。用不分光红外法(NDIR)测量 NO 时,由于输出信号是非线性的且易受到干扰,因此,测量精度较低。

(三)电化学法(ECD)

根据机动车尾气排放污染物的特性,采用电化学法(ECD)测量机动车尾气中的 O_2。

电化学法(ECD)是用气敏性离子选择性电极作为指示电极(通常称作传感器),当一定浓度的气体通过传感器时,就会产生一个电位,这个值和气体浓度的对数在一定范围内呈线性关系,由此可以通过电测的方法测得气体浓度。

采用电化学法可以利用 O_2 传感器测量机动车尾气中的 O_2 的浓度。O_2 传感器结构如图 3-15 所示。

汽车尾气分析用 O_2 传感器为金属—气体扩散限制型,传感器结构由阳极电解液和阴极气体组成,当气体扩散进入传感器后,在阴电极表面进行氧化或还原反应,产生电流并通过外电路流经两个电极。该电流的大小比例于气体的浓度,可通过外电路的负荷电阻予以测量。

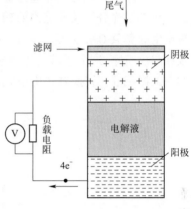

图 3-15　O_2 传感器结构图

在实际应用中由于 O_2 传感器的电流信号受气体扩散率的影响,且外界压力的变化会引起被测气体分压的改变,所以,输出电压信号也会随之变化,因此,该传感器被安装在仪器的出气口,使该处的气体压力与环境大气的压力接近,以得到稳定可靠的输出结果。

O_2 传感器的设计寿命在空气温度 20℃ 左右时,大约为 2 年,属于消耗型元件。正常情况可稳定地输出 9~13mV 的电压值。传感器的寿命由与废气接触的反应量决定,较高的温度和废气浓度会增加传感器的输出,从而缩短其有效寿命。寿命接近结束时,传感器在空气中的输出信号会迅速地降为 0mV。

(四)化学发光法(CLD)

使用化学发光法进行 NO_x 的测量,具有灵敏度高(检测下限为体积分数 10^{-7} 数量级)、响应快(2~4s)、输出线性好(在 $0~10^{-2}$ 量程内呈线性输出的特性)和适用于低浓度连续分析等优点。

用化学发光法测量 NO_x 的原理是基于 NO 与臭氧的反应:

$$NO + O_3 \longrightarrow NO_2^* + O_2 \tag{3-7}$$

$$NO_2^* \longrightarrow NO_2 + hv \tag{3-8}$$

式中:NO_2^*——激发态 NO_2:

　　　　h——普朗克常数;

　　　　v——光子频率。

测量时,被测气体中的 NO 与 O_3 反应生成 NO_2 时,其中有 10% 的 NO_2 处于激发态

（NO_2^*），这种激发态NO_2^*在衰减回基态NO_2的过程中，会发出波长为 $0.6 \sim 3\mu m$ 的光量子 hv（近红外光谱线），称为化学发光。化学发光的强度与 NO 和 O_3 两反应物含量的乘积成正比，还与反应室的压力、NO 在反应室内的滞留时间及样气中其他分子的种类有关。在其他条件不变的情况下，O_3 的含量通常比 NO 高很多且几乎恒定，化学发光强度与 NO 的含量成正比。因此，检测发光强度就可确定被测气体中 NO 的含量。

化学发光反应产生的光子经光电倍增管转换后，由放大器送往记录器检测。

由式(3-9)还可看出，化学发光法从原理上讲只能测量 NO 的含量，而无法测量 NO_2 的含量。实际应用中可以先通过适当的转换将 NO_2 还原成 NO，然后进行上述分析过程。

化学发光分析仪的工作原理如图 3-16 所示。空气中的 O_2 持续不断地进入臭氧发生器 2，产生的臭氧 O_3 进入反应室 1。被测气体根据需要由通道 A 或 B 进入反应室 1。通道 A 直接通向反应室，这个通道只能测量 NO 的浓度；检测 NO_2 时，被测气体通过通道 B 后，样气中的 NO_2 将在催化转换器 7 中按式(3-9)转化成 NO，然后进入反应室。

$$2NO_2 \rightarrow 2NO + O_2 \tag{3-9}$$

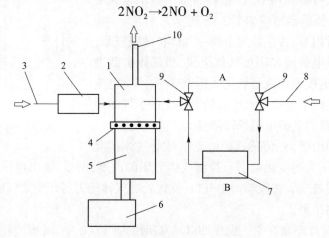

图 3-16　化学发光分析仪的工作原理

1-反应室；2-臭氧发生器；3-空气入口；4-滤光片；5-光电倍增管检测器；6-信号放大器；7-催化转化器；8-样气入口；9-转换开关；10-反应室出口

这样，仪器测量得到的是 NO 和 NO_2 的总和 NO_x 的含量。利用测得的 NO_x 与 NO 含量的差值，即可确定被测气体中 NO_2 的含量。

设置滤光片 4 的目的是分离给定的光谱区域，以避免其他气体成分对测量的干扰。光电倍增管检测器 5 的微弱信号经信号放大器 6 放大后输出。

为使 NO_2 尽可能完全地转化成 NO，催化转化器中的温度必须在 920K（650℃）以上。在实际测量中，常会出现 NO_2 测量值过低的问题。主要原因有两个：一是催化转化器老化，NO_2 向 NO 的转化率下降；二是 NO_2 冷凝在水中。因此，在 NO_2 含量较高的排放测量中（如直接取样测量柴油机排放时），必须将取样系统加热，并且应在使用过程中定期检查催化转化效率，当其低于 90% 时，应予以更新。

CLD 除了可以测量 NO 和 NO_2 以外，如果在 CLD 前安装一个高温（700℃）不锈钢转换器，在测量 NO 和 NO_2 之前，把 NH_3 氧化为 NO，也可类似地测量排气中 NH_3 的含量，这一般用于 SCR 系统。

化学发光法(CLD)的不足之处是其发光是在瞬间完成,发光强度峰值衰减时间短,光背景高,造成检测结果稳定性和重现性差。

(五)分流式内置不透光法

根据机动车尾气排放污染物的特性,采用分流式内置不透光测量原理测量机动车的排气烟度。

分流式内置不透光法的工作原理是利用透光衰减率来测试排气中的烟度。它让部分尾气流过由光源和接收器构成的光通道,接收器所接收的光强度的减弱程度就代表排气的烟度。按照这种原理制成的烟度计又叫哈特里奇烟度计。如图3-17所示。

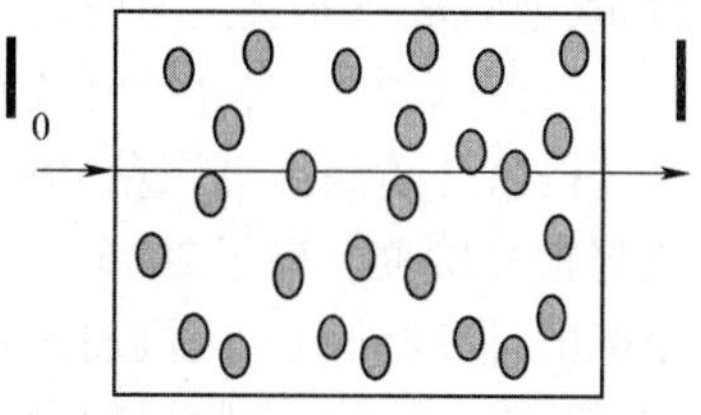

图3-17　不透光烟度测量原理

不透光烟度有两种表示方法:一种为绝对光吸收系数k,单位为m^{-1},另一种为不透光度,单位为%。两种表示方法的量程均应以光全通过时为0,全遮挡时为满量程。

$$N = \frac{I}{I_0} = 100(1 - e^{-kl}) \tag{3-10}$$

$$k = -\frac{1}{L}\ln\left(1 - \frac{N}{100}\right) \tag{3-11}$$

式中:N——不透光度;

k——光吸收系数;

I——出射光强度;

I_0——入射光强度;

L——光通道的有效长度。

不透光式烟度计不仅可测黑烟,而且可测蓝烟和白烟。它对低浓度的可见污染物有较高的分辨率,可以进行连续测量。它不仅可用来研究柴油机的瞬态炭烟和其他可见污染物的排放性能,而且可以方便地测量排放法规中所要求的自由加速烟度和有负荷加速烟度。

第三节　控制机动车尾气排放的技术

控制发动机尾气排放的净化技术包括机前净化、机内净化与后处理净化。机前净化是指对进入发动机汽缸前的燃料和空气进行处理的一种技术,主要以石油燃料的改善和替代新型燃料为主。机内净化则以改善发动机燃烧过程,或对发动机结构进行改进,从而抑制有害排放物的产生。后处理净化是在发动机的排气系统中安装减少有害排放物的装置,以达到净化尾气排放的目的。为了达到现行严格的排放法规要求,应从上述三个方面统筹考虑,采取适当的净化措施,否则,不仅达不到排气净化的目的,还会还会影响发动机的性能,增加发动机的制造和使用成本。

一、车用燃料技术

燃料的组成和特性对发动机的工作起着重要的作用,对排放污染物的组成也有很大的影响。燃料性质、发动机技术与污染物排放之间的关系很复杂,汽油和柴油组分与特性的变化对排放特性有显著的影响。一种燃料特性的改变或许会减少一种污染物的排放,但可能会引起另一种污染物的排放增加。例如,汽油中的芳香族化合物成分的降低可以减少 CO 和 HC 的排放,但却增加了 NO_x 的排放。同时还应注意到,对于燃料性质的改变,不同类型发动机的响应并不相同。例如,提高柴油的十六烷值会减少轻型和重型直喷发动机 NO_x 的排放量,但对轻型非直接喷射发动机却影响较小。

目前,燃料的改进主要涉及两个方面:燃料组分和性质的改进,替代燃料的使用。

国家环境保护总局在 1999 年 6 月 1 日发布了《车用汽油有害物质控制标准》,国家质量监督检验检疫总局于 2006 年 12 月 6 日发布实施了《车用汽油》(GB 17930—2006)强制性国家标准,使我国的车用汽油无铅化,并在生产无铅汽油的过程中,对苯、芳香烃、烯烃、锰、铁、铜、铅、磷、硫等有害物质的含量提出了控制指标。

对于柴油,也于 2003 年 10 月 1 日实施了《车用柴油》(GB/T 19147—2003)国家标准,严格控制汽车燃油的品质与质量。

同时,我国也在大力推广代用清洁燃料。CNG、LNG、LPG 等燃料不断得到开发与应用。国家质量监督检验检疫总局也制定了《车用压缩天然气》(GB 18047—2000)强制性国家标准,对车用压缩天然气的使用进行规范。

(一)石油燃料的改善

石油燃料的质量对汽车排放的影响显而易见,控制燃料的组成、提高燃料的质量可以直接减少汽车排气中的有害排放物,改善大气环境,并且能够为有关排气后处理新技术的应用创造有利条件。在减少排气有害排放物方面,提高燃料的质量比严格执行排放法规更快捷方便。

1. 汽油的改善

汽油品质的提高主要体现在降低含硫量、烯烃含量、芳香烃含量及 MTBE 的替代组分四个方面。

严格限制汽油中硫含量可以减少汽车的有害排放。例如,若汽油的硫质量浓度从 $450\mu g/g$ 降至 $50\mu g/g$,则 HC 的排放量减少 18%,CO 的排放量减少 19%,NO_x 的排放量减少 9%,有毒物排放量减少 16%,同时可减少大气对流层中的臭氧含量,并且不影响燃料的经济性。由于硫会毒化对排放起净化作用的催化剂,损害氧传感器和车载诊断系统的性能,因此,采用先进技术的低排放车辆对硫更加敏感。例如,使用稀土催化转化器时,要求硫的质量浓度小于 $300\mu g/g$。因此,在各国的汽油标准中,硫含量均呈下降趋势。我国规定汽油中硫的质量分数在 0.05% 以下。

苯是致癌物质,它通过蒸发或燃烧进入大气中,对人类健康有直接影响,所以降低苯含量对环境是有利的。

芳香烃是种具有较高辛烷值和热值的汽油调和组分,但是其燃烧后会导致苯的形成,并增加 CO_2 的排放,所以我国规定,汽油中芳香烃的含量应控制在 40%(体积分数)以下。

烯烃是另一种具有较高辛烷值的汽油调和组分,但是其化学性质活泼,挥发到大气中后,会促进光化学烟雾的形成。另外,烯烃对热不稳定,易在发动机进气系统和其他部位形成积炭。目前,国家标准规定,烯烃含量应控制在 30%(体积分数)以下,芳香烃与烯烃的总含量应控制在60%以下。

汽油中加入含氧化合物可以减少尾气中CO的排放,但含氧化合物的体积热值比汽油低,大量加入会影响汽车发动机的性能。我国规定,汽油中氧的质量分数不大于2.7%。

2. 柴油的改善

提高柴油品质的措施主要有:提高十六烷值、降低硫含量和降低芳香烃含量。

十六烷值是衡量燃料在压燃式发动机中着火延迟期的指标,十六烷值高,则着火延迟期短,如果十六烷值低于45,则会引起柴油机工作粗暴、最高燃压增加和NO_x排放量的增加。满足未来排放标准的轿车用柴油机,要求其所使用的柴油十六烷值不低于49。这里要区别十六烷值和十六烷指数两个概念:十六烷值是指柴油在规定的试验发动机上测得的有关柴油压缩着火性的一个相对性参数;而十六烷指数是指燃料中固有的十六烷,由被测燃料特性计算得出。固有的十六烷和加入十六烷改善剂后的十六烷对柴油机的影响不同,为避免添加剂的剂量过多,应尽量减少十六烷值与十六烷指数之间的差值。

低排放柴油的标志性特征是降低了柴油中的硫含量。这是因为,柴油机排出的PM中硫酸盐随硫含量成正比地增加,而且高硫柴油失去了应用氧化型催化剂降低PM排放量的可能性。

芳香烃含量直接影响柴油的密度和黏度。过高的芳香烃含量会使柴油机的喷油量降低,雾化变差,重芳香烃的含量过高,会导致颗粒物排放量的增加,所以要限制柴油中芳香烃的含量,特别是多环芳香烃的含量。

缩小低排放柴油的密度变化范围,可以保证燃油质量供给的稳定性。

(二) 替代燃料

鉴于目前在常规燃料(汽油、柴油)方面的工作遇到了越来越大的困难,代用燃料的使用方兴未艾。替代燃料有保存原油产品和保护能源的潜力,同时又能有效地削减机动车的污染排放。当然,也应清醒地认识到,在许多情况下采用常规燃料辅以先进的排放控制技术,往往会收到更经济的控制效果,选取哪一种燃料,将主要取决于经济因素。

我国较多采用的替代燃料主要包括含氧燃料的醇类和醚类燃料、生物燃料、气体燃料等。

1. 含氧燃料

含氧燃料主要包括以甲醇(CH_3OH)和乙醇(C_2H_5OH)为代表的醇类燃料,以及以二甲醚(Dimethyl Ether, DME)为代表的醚类燃料。

1) 醇类燃料

醇类燃料主要有甲醇和乙醇。甲醇可以从天然气、煤、生物中提取,乙醇主要是含有糖或淀粉的农作物经发酵后制成的,它们都是液体燃料。醇类燃料具有辛烷值高、汽化热高、热值较低等特点。作为汽车燃料,醇类燃料自身含氧,在发动机燃烧中可提高氧燃比,CO和HC的排放量较汽油和柴油的低,几乎无炭烟排放;另外,由于其汽化热高,因此,可降低进气温度,提高充气效率,使最高燃烧温度降低,发动机的NO_x排放量也较低。

2) 醚类燃料

二甲醚属于煤炭转化和深层加工产品,其十六烷值高,具有良好的压燃特性,非常适用于压燃式发动机(柴油机)。二甲醚本身含氧且在常温常压下为气态,所以能迅速与新鲜空气形成良好的混合气,在压燃式发动机上燃用能够实现高效、超低排放,燃烧柔和且无烟。而且二甲醚的饱和蒸气压力低于液化石油气和天然气,在储存运输方面具有比液化石油气、天然气等更安全的特点。因此,二甲醚被看作压燃式发动机的理想燃料。

2. 生物燃料

生物燃料(Biofuel)泛指由生物质组成或萃取的固体、液体和气体燃料,它可以替代由石油制取的汽油和柴油,是可再生能源开发利用的重要方向。所谓的生物质是指利用大气、水、土地等通过光合作用而产生的各种有机体,目前应用较多的是生物柴油。

生物柴油(Biodiesel)是指以油料作物、野生油料植物和工程微藻等水生植物油脂,以及动物油脂、餐饮垃圾油等为原料油,通过酯交换工艺制成的可代替石化柴油的可再生性柴油燃料。生物柴油是生物质能的一种,它是生物质利用热裂解等技术得到的一种长链脂肪酸的单烷基酯。生物柴油是含氧量极高的复杂有机成分的混合物,这些混合物主要是一些相对分子质量大的有机物,几乎包括所有种类的含氧有机物,如醚、酯、醛、酮、酚、有机酸和醇等。

由于生物柴油的硫含量低,使得二氧化硫和硫化物的排放低;同时生物柴油中不含会对环境造成污染的芳香族烷烃,因而其废气对人体的损害低于普通柴油。另外,生物柴油的生物降解性高。

3. 气体燃料

目前在发动机上使用的气体燃料主要有天然气、液化石油气等。

1)天然气

天然气可以以压缩天然气(Compressed Natural Gas, CNG)和液化天然气(Liquefied Natural Gas, LNG)的方式在汽车上加以应用,其主要成分为甲烷(CH_4),随产地不同,甲烷含量为83%~99%,其余为乙烷、丙烷、丁烷及少量其他物质。

由于天然气是多组分的混合气体,且组分可能在一定范围内变化,因此其性能参数不是一个固定值。

天然气在汽车上与空气混合时是气态,因此与汽油、柴油相比,其混合气更均匀,燃烧更完全。另外,天然气的主要成分——甲烷中只有一个碳原子,从理论上讲,其燃烧产物中的CO较少。但是燃用天然气排放的甲烷增加,此外,由于燃烧速率较慢,燃料在缸内停留时间较长,天然气汽车的NO_x排放较高。改装的两用燃料(汽油—CNG 或柴油—CNG)汽车如果调整使用不当,各种污染物排放并不低,而且汽车动力性会下降。

2)液化石油气

液化石油气(LPG)是烃类混合物气体,主要是由丙烷、丁烷组成,另外含有少量的丙烯、丁烯及其他烃类物质。

与汽油、柴油相比,液化石油气(LPG)与空气更易充分混合,其燃烧完全,积炭少,可以获得较好的燃用经济性,相比天然气,其排放性能略差。

无论采用天然气还是液化石油气,都必须采用电喷技术和三元催化转换技术才能取得较低的排放性能,而且必须定期进行检测、维护才能维持。

二、点燃式发动机机内净化技术

(一)汽油喷射电控系统

汽油喷射电控系统利用各种传感器检测发动机的各种状态,经过微机判断和计算,来控制发动机在不同工况下的喷油时刻、喷油量、点火提前角等,使发动机在不同工况下都能获得具有合适空燃比的混合气,提高燃油的燃烧效率,从而达到降低汽油机污染物排放量的目的。目前普遍采用的是电控燃油喷射系统(EFI)。

(二)低排放燃烧技术

低排放燃烧技术主要是依靠稀薄燃烧技术、分层燃烧技术和汽油直喷技术等来改善可燃混合气的形成和燃烧条件,从而大幅度降低 CO、HC、NO_x 的排放量。目前普遍采用燃油分层喷射(FSI)、缸内直喷(GDI)等。

(三)废气再循环技术

废气再循环(EGR)技术是指在保证发动机动力性不明显降低的前提下,根据发动机的温度和负荷的大小,将发动机排出的一部分废气再送回进气管,使其与新鲜空气或新鲜混合气混合后再次进入汽缸参加燃烧。这种方式使得混合气中氧的浓度降低,从而使燃烧反应的速度减慢,可以有效地控制燃烧过程中 NO_x 的生成,降低 NO_x 的排放量。

(四)进气增压技术

进气增压就是利用增压器增加进入燃烧室的进气量,并在混合气进入燃烧室前对其进行冷却,使混合气燃烧得更彻底,排气更干净,提高发动机的动力性和在高原地区的工作适应性。

(五)多气门技术

多气门技术是使发动机每个汽缸的进气门数超过两个,保证较大的换气流通面积,减少泵气损失,增大充气量,保证较大的燃烧速率,从而降低 CO 和 HC 的排放量。

(六)可变技术

可变技术通过改变进气歧管长度或截面积,或改变气门升程和气门正时,或改变压缩比或排量,达到解决发动机在高低转速和大小负荷时的性能矛盾,并减少相应 CO 和 HC 排放量的目的。目前较多采用的是 VVT 技术、VTEC 技术以及停缸技术等。

(七)汽油蒸发排放控制

汽油蒸发排放控制系统的功用是将油箱内蒸发出的汽油蒸气收集和储存在炭罐内,当发动机工作时再将其送入汽缸燃烧,从而防止燃油蒸气直接排入大气而污染环境,同时还可节约能源。

为了控制燃油箱逸出的燃油蒸气,电控发动机普遍采用了炭罐,油箱中的燃油蒸气在发动机不运转时被炭罐中的活性炭所吸附,当发动机运转时,依靠进气管中的真空度将燃油蒸气吸入发动机中。电子控制单元根据发动机的工况,通过电磁阀控制真空度的通或断,以达到控制燃油蒸气的目的。

(八) 曲轴箱排放控制

当发动机运行时,总有一部分可燃混合气和燃烧产物经活塞环窜到曲轴箱内,导致曲轴箱内的压力将增大,机油会从曲轴油封、曲轴箱衬垫等处渗出而流失。流失到大气中的机油蒸气会增加对大气的污染。因此曲轴箱必须设有通风装置。目前主要采用强制式曲轴箱通风系统(PCV),由 PCV 阀根据发动机工况的变化自动调节进入进气歧管的曲轴箱漏气,从而达到控制曲轴箱内外压力平衡,同时解决曲轴箱漏气再次进缸燃烧的问题。

三、点燃式发动机后处理净化技术

HC、CO 和 NO$_x$ 是汽油机排放中需要加以控制的三种常规排放物。经过多年的努力,汽油机机后净化技术日渐成熟,主要技术如图 3-18 所示。用于同时减少 HC 和 CO 两种排放物的后处理控制策略有空气喷射系统、热反应器、氧化催化反应器(Oxidation Catalytic Converter,OCC)等;用于同时减少 HC、CO 和 NO$_x$ 三种排放物的后处理控制策略主要有三元催化转换器(Three-Way Catalytic Converter,TWC)。目前,TWC 与电控汽油喷射系统的匹配应用成为世界上最广泛的汽油机排放控制模式,电控汽油喷射加 TWC 技术仅为化油器技术污染排放水平的 10% ~ 20%。对于稀燃汽油机和缸内直喷汽油机(GDI),它们不能提供 TWC 高效使用的工作条件,可采用稀燃 NO$_x$ 捕集器(LNT)实现排气富氧情况下还原 NO$_x$,LNT 现也逐渐研究用于电控柴油机,但由于非电控柴油机无法实现 LNT 再生所需要的富燃状态,因此非电控柴油机不适用。

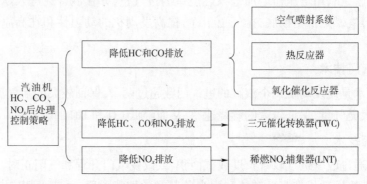

图 3-18　汽油机后处理控制策略

(一) 三元催化转换器(TWC)

三元催化转换器是目前应用最多的汽油机尾气后处理净化技术。当发动机工作时,废气经排气管进入催化器,其中氮氧化物(NO$_x$)与废气中的一氧化碳(CO)、氢气(H$_2$)等还原性气体在催化作用下分解成氮气(N$_2$)和氧气(O$_2$);而碳氢化合物(HC)和一氧化碳(CO)在催化作用下充分氧化,生成二氧化碳(CO$_2$)和水蒸气(H$_2$O)。三元催化转换器的载体一般采用蜂窝结构,蜂窝表面有涂层和活性组分,与废气的接触表面积非常大,所以其净化效率高,当发动机的空燃比在理论空燃比附近时,三元催化剂可将 90% 的 HC 和 CO 及 70% 的 NO$_x$ 同时净化,因此这种催化器被称为三元催化转换器。目前,闭环电子控制汽油喷射加三元催化转换器已成为汽油车排放控制技术的主流。

1. TWC的基本结构

TWC的基本结构如图3-19所示,它由壳体、垫层和催化剂组成。其中,催化剂包括载体、涂层和活性组分。

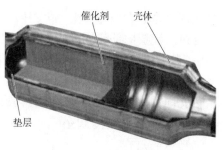

图3-19 三元催化转换器(TWC)的内部结构

1)壳体

壳体是整个TWC的支承体。壳体的材料和形状是影响催化转化效率和使用寿命的重要因素。目前用得最多的壳体材料是含铬、镍等金属的不锈钢,这种材料具有热膨胀系数小、耐腐蚀性强等特点,适用于催化转换器恶劣的工作环境。壳体的形状设计,要求尽可能减少流经催化转换器气流的涡流和气流分离现象,防止气流阻力的增大;要特别注意进气端形状设计,保证进气流的均匀性,使废气尽可能均匀分布在载体的端面上,使附着在载体上的活性涂层尽可能承担相同的废气注入量,让所有的活性涂层都能对废气产生加速反应的作用,以提高催化转换器的转换效率和使用寿命。

TWC壳体通常做成双层结构,并用奥氏体或铁素体镍铬耐热不锈钢板制造,以防因氧化皮脱落造成催化剂的堵塞。壳体的内外壁之间填有隔热材料。这种隔热设计防止发动机全负荷运行时由于热辐射使催化器外表面温度过高,并可加速发动机冷起动时催化剂的起燃。为减少催化器对汽车底板的热辐射,防止进入加油站时因催化器炽热的表面引起火灾,避免路面积水飞溅对催化器的激冷损坏以及路面飞石造成的撞击损坏,在催化器壳体外面还设有半周或全周的防护隔热罩。

2)垫层

为了使载体在壳体内位置牢固,防止它因振动而损坏,补偿陶瓷与金属之间热膨胀性的差别,保证载体周围的气密性,在载体与壳体之间加有一块由软质耐热材料构成的垫层。垫层具有特殊的热膨胀性能,可以避免载体在壳体内部发生窜动而导致载体破碎。另外,为了减小载体内部的温度梯度,以减小载体承受的热应力和壳体的热变形,垫层还应具有隔热性。常见的垫层有金属网和陶瓷密封垫层两种形式。陶瓷密封垫层在隔热性、抗冲击性、密封性和高低温下对载体的固定力等方面比金属网垫层要优越,是主要的应用垫层;而金属网垫层由于具有较好的弹性,能够适应载体几何结构和尺寸的差异,在一定的范围内也得到了应用。

陶瓷密封垫层一般由陶瓷纤维(硅酸铝)、蛭石和有机黏合剂组成。陶瓷纤维具有良好的抗高温能力,使垫层能承受催化转换器中较为恶劣的高温环境,并在此条件下充分发挥垫层的作用。蛭石在受热时会发生膨胀,从而使催化转换器的壳体和载体连接更为紧密,还能隔热以防止过高的温度传给壳体,保证催化转换器使用的安全性。

2. 催化反应机理

催化作用的核心是催化剂。催化剂是一种能够改变化学反应达到平衡的速率而本身的质量和组成在化学反应前后保持不变的物质。有催化剂参与的化学反应就称为催化反应。催化反应一般都是多阶段或多步骤的,从反应物到产物都经过多种中间物,催化剂参与中间物的形成,但最终不进入产物。根据催化剂与反应物所处状态的不同,催化作用可以分为均相催化和多相催化。固体催化剂对气态或液态反应物所起的催化作用属于多相催化,车用催化剂就是此类型的催化。多相催化反应过程一般包括以下步骤：①反应物分子从流体主体通过滞流层向催化剂外表面扩散（外扩散）；②反应物分子从催化剂外表面向孔内扩散（内扩散）；③反应物分子在催化剂内表面上吸附；④吸附态的反应物分子在催化剂表面上相互作用或与气相分子作用的化学反应；⑤反应产物从催化剂内表面脱附；⑥脱附的反应产物自内孔向催化剂外表面扩散（内扩散）；⑦产物分子从催化剂外表面经滞流层向流体主体扩散（外扩散）。其中，①②⑥⑦为传质过程，③④⑤为表面反应过程，或称化学动力学过程。

1) 吸附过程

吸附作用是一种或数种物质的原子、分子或离子附着在另一种物质表面上的过程。具有吸附作用的物质称为吸附剂，被吸附的物质称为吸附质。吸附质在表面吸附以后的状态称为吸附态。吸附发生在吸附剂表面上的局部位置，该位置叫作吸附中心。吸附中心与吸附态共同构成表面吸附络合物。

2) 表面反应过程

反应物分子吸附在催化剂表面的活性中心后，它们就分别开始与同样吸附在活性中心的氧化剂分子或还原剂分子发生氧化还原反应。在三元催化转换器中主要发生 CO 氧化反应、HC 氧化反应和 NO 还原反应。

3) 脱附过程

当表面反应过程完成后，生成的反应产物分子就会从催化剂表面的活性中心脱离出来，为表面反应的继续进行空出活性位，这个过程称为脱附。

3. 三元催化剂及其劣化机理

1) 三元催化剂

三元催化剂是三元催化转换器的核心部分，它决定了三元催化转换器的主要性能指标，其组成如图 3-20 所示。

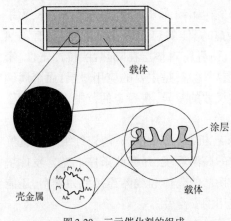

图 3-20 三元催化剂的组成

（1）载体。

蜂窝状整体式载体具有排气阻力小、机械强度大、热稳定性好和耐冲击等优良性能，故能被广泛用作汽车催化剂的载体。其基质有两大类，即堇青石陶瓷和金属，前者约占 90%，后者约占 10%。

堇青石是一种铝镁硅酸盐陶瓷，其化学组成为 $2Al_2O_3 \cdot 2MgO \cdot 5SiO_2$，熔点在 1450℃ 左右，在 1300℃ 左右仍能保持足够的弹性。一般认为堇青石蜂窝载体的最高使用温度为 1100℃ 左右。为增大蜂窝陶瓷载体的几何面积，并降低其热容量和气流阻力，载体采用的孔隙度已达到 93 孔/cm²，孔壁厚 0.1mm，单位体积的几何表面积 3.4m²/L。

蜂窝金属载体的优点是起燃温度低、起燃速变快、机械强度高、比表面积大、传热快、比热容小、抗振性强和寿命长，可适应汽车冷起动排放的要求，并可采用电加热。在外部横断面相同的情况下，金属载体提供给排气流的通道面积较大，从而可降低排气阻力 15% ~25%，可使发动机功率提高 2% ~3%。相同直径的蜂窝金属整体式载体和陶瓷载体达到相同三元转化率时,金属载体的体积可比陶瓷载体的体积减小18%。但由于金属载体价格比较昂贵,目前主要用于空间体积相对较小的摩托车以及少量汽车的前置催化转换器中,后者的主要目的是改善发动机的冷起动排放。

(2)涂层。

由于蜂窝陶瓷载体本身的比表面积很小,不足以保证贵金属催化剂充分分散,因此常在其壁上涂覆一层多孔性物质,以提高载体的比表面积,然后再涂上活性组分。多孔性的涂层物质常选用 Al_2O_3 与 SiO_2、MgO、CeO_2 或 ZrO_2 等氧化物构成的复合混合物。理想的涂层可使催化剂有合适的比表面积和孔结构,从而改善催化剂的活性和选择性,保证助催化剂和活性组分的分散度和均匀性,提高催化剂的热稳定性,同时还可节省贵金属活性组分的用量,降低催化剂生产成本。

对于蜂窝金属载体,涂底层的方法并不适用,而是通常采用刻蚀和氧化的方法在金属表面形成一层氧化物,然后在此氧化物表面上浸渍具有催化活性的物质。

(3)活性组分。

汽车尾气净化用催化剂以铑(Rh)、铂(Pt)、钯(Pd)三种贵金属为主要活性组分,此外还含有铈(Ce)、镧(La)等稀土元素作为助催化剂。催化剂各组分的作用如下。

铑(Rh)。铑是三元催化剂中催化 NO_x 还原反应的主要成分。它在较低的温度下还原 NO_x 为 N_2,同时产生少量的 NH_3,具有很高的活性。此外,铑对 CO 的氧化以及烃类的水蒸气重整反应也有重要的作用。铑可以改善 CO 的低温氧化性能。但铑抗毒性较差,热稳定性不高。在汽车催化转换器中,铑的典型用量为 0.1~0.3g。

铂(Pt)。铂在三元催化剂中主要起催化 CO 和 HC 的氧化反应的作用。铂对 NO 有一定的还原能力,但当汽车尾气中 CO 的质量浓度较高或有 SO_2 存在时,它没有铑有效。铂还原 NO_x 的能力比铑差,在还原性气氛中很容易将 NO_x 还原为 NH_3。铂还可促进水煤气反应,其抗毒性能较好。铂在三元催化剂中的典型用量为 1.5~2.5g。

钯(Pd)。钯在三元催化剂中主要用来催化 CO 和 HC 的氧化反应。在高温下它会与铂或铑形成合金,由于钯在合金的外层,会抑制铑活性的充分发挥。此外,钯的抗铅毒和硫毒的能力不如铂和铑,因此钯催化剂对燃油中的铅和硫的含量控制要求更高。但钯的热稳定性较高,起燃活性好。

在汽车尾气净化用三元催化剂中,各个贵金属活性组分的作用是相互协同的,这种协同作用对催化剂的整体催化效果十分重要。

(4)助催化剂

助催化剂是加到催化剂中的少量物质,这种物质本身没有活性,或者活性很小,但能提高活性组分的活性、选择性和稳定性。车用三元催化剂中常用的助催化剂有氧化镧和氧化铈,它们具有多种功能:①储存及释放氧,使催化剂在贫氧状态下更好地氧化 CO 和 HC,以及在过剩氧的情况下更好地还原 NO_x;②稳定载体涂层,提高其热稳定性,稳定贵金属的高度分散状态;③促进水煤气反应和水蒸气重整反应;④改变反应动力学,降低反应的活化能,从而降低反应温度。

2)三元催化剂的劣化机理

三元催化剂的劣化机理是一个非常复杂的物理、化学变化过程,除了与催化转换器的设计、制造、安装位置有关外,还与发动机燃烧状况、汽油和润滑油的品质及汽车运行工况等使用过程有着非常密切的关系。影响催化剂寿命的因素主要有四类,即热失活、化学中毒、机械损伤以及催化剂结焦。在催化剂的正常使用条件下,催化剂的劣化主要是由热失活和化学中毒造成的。

(1)热失活。

热失活是指催化剂由于长时间工作在850℃以上的高温环境中,涂层组织发生相变、载体烧熔塌陷、贵金属间发生反应、贵金属氧化及其氧化物与载体发生反应而导致催化剂中氧化铝载体的比表面积急剧减小、催化剂活性降低的现象。高温条件在引起主催化剂性能下降的同时,还会引起氧化铈等助催化剂的活性和储氧能力的降低。

引起热失活的原因主要有三种:

①发动机失火,如突然制动、点火系统不良、进行点火和压缩试验等,使未燃混合气在催化器中发生强烈的氧化反应,温度大幅度升高,从而引起严重的热失活;

②汽车连续在高速大负荷工况下行驶、产生不正常燃烧等,导致催化剂的温度急剧升高;

③催化器安装位置离发动机过近。催化剂的热失活可通过加入一些元素来减缓,如加入锆、镧、钕、钇等元素可以减缓高温时活性组分的长大和催化剂载体比表面积的减小,从而提高反应的活性。另外,装备了车载诊断系统(OBD)的现代发动机,也使催化剂热失活的可能性大为降低。

(2)化学中毒。

催化剂的化学中毒主要是指一些毒性化学物质吸附在催化剂表面的活性中心不易脱附,导致尾气中的有害气体不能接近催化剂进行化学反应,使催化转换器对有害排放物的转化效率降低的现象。常见的毒性化学物主要有燃料中的硫、铅以及润滑油中的锌、磷等。

①铅中毒。铅通常是以四乙基铅的形式加入到汽油中,以增强汽油的抗爆性。它在标准无铅汽油中的含量约为1mg/L,以氧化物、氯化物或硫化物的形式存在。一般认为铅中毒可能存在两种不同的机理:一是在700~800℃时,由氧化铅引起的;二是在550℃以下,由硫酸铅及铅的其他化合物抑制气体扩散引起的。

②硫中毒。燃油和润滑油中的硫在氧化环境中易被氧化成SO_2。SO_2的存在,会抑制三元催化剂的活性,其抑制程度与催化剂种类有关。硫对贵金属催化剂的活性影响较小,而对非贵重金属催化剂活性影响较大。而在常用的贵金属催化剂 Rh、Pt、Pd 中,Rh 能更好地抵抗 SO_2 对 NO 还原的影响,Pt 受 SO_2 影响最大。

③磷中毒。通常磷在润滑油中的含量约为12g/L,是尾气中磷的主要来源。据估计汽车运行 8 万 km 大约可在催化剂上沉积 13g 磷,其中93%来源于润滑油,其余来源于燃油。磷中毒主要是磷在高温下可能以磷酸铝或焦磷酸锌的形式黏附在催化剂表面上,阻止尾气与催化剂接触所致,但向润滑油中加入碱土金属(Ca 和 Mg)后,碱土金属与磷形成的粉末状磷酸盐可随尾气排出,此时催化剂上沉积的磷较少,使 HC 的催化活性降低也较少。

(3)机械损伤。

机械损伤是指催化剂及其载体在受到外界激励负荷的冲击、振动乃至共振的作用下产生磨损甚至破碎的现象。催化剂载体有两大类:一类是球状、片状或柱状氧化铝;另一类是含氧化铝涂层的整体式多孔陶瓷体。它们与车上其他零件材料相比,耐热冲击、抗磨损及抗机械破坏的性能较差,遇到较大的冲击力时,容易破碎。

(4)催化剂结焦。

结焦是一种简单的物理遮盖现象,发动机不正常燃烧产生的炭烟都会沉积在催化剂上,从而导致催化剂被沉积物覆盖和堵塞,不能发挥其应有作用,但将沉积物烧掉后又可恢复催化剂的活性。

4.三元催化转换器的性能指标

车用汽油机三元催化转换器的性能指标很多,其中最主要的有污染物转化效率和排气流动阻力。

转化效率由下式定义:

$$\eta = \frac{c_i - c_0}{c_i} \qquad (3-12)$$

式中:η——排气污染物在催化器中的转化效率;

c_i——排气污染物在催化器进口处的质量浓度或体积分数;

c_0——排气污染物在催化器出口处的质量浓度或体积分数。

催化转换器对某种污染物的转化效率,取决于污染物的组成、催化剂的活性、工作温度、空间速度及流速在催化空间中分布的均匀性等因素,它们分别可用催化器的空燃比特性、起燃特性和空速特性表征,而催化器中排气的流动阻力则由流动特性表征。

5.三元催化转换器的使用条件

三元催化转换器如使用不当或发生故障,将会造成三元催化转换器的性能变差甚至失效,从而导致发动机动力性、经济性下降,排气噪声增大,不易起动,经常熄火等故障。三元催化转换器应在以下使用条件下工作。

1)对燃油和润滑油的要求

装有三元催化转换器的汽车不能使用含铅汽油,并应控制润滑油中硫和磷的含量。燃油和润滑油中的一些元素(如铅、硫、锌和磷等)可与催化剂活性材料反应而使活性成分发生相变,或者覆盖在催化剂活性表面,这些都会造成催化剂转化效率的下降甚至完全失效,即化学中毒。对装有三元催化转换器的汽车来说,最大的问题是铅中毒。因为含铅汽油燃烧后,铅颗粒物随毒气排放经三元催化转换器时,会使催化剂失效,也就是常说的三元催化转换器铅中毒。实践证明,即使只使用了一油箱含铅汽油,也会造成三元催化转换器的严重失衡,同时,铅还会导致氧传感器的中毒和失效。因此,使用催化器的汽油车必须使用无铅汽油,汽油中的含铅量越低越好。

对润滑油及各种添加剂中的硫和磷的含量也要严格控制,另外,机油上窜会使催化剂表面被结焦覆盖,甚至使通孔被堵塞,不仅会使催化器丧失工作能力,而且发动机的动力性和经济性也会明显恶化。因此,应经常注意润滑油的消耗量。

2)保持车辆处于最佳工作温度

三元催化转换器降低 HC 和 CO 这两种有害废气的排放量是通过在三元催化转换器内部进行燃烧,使其转化成水及 CO_2 来实现的,三元催化转换器开始起作用的温度是 200℃ 左右,最佳工作温度是 400～800℃,而超过 1000℃ 以后,催化剂中的贵金属自身也会发生化学反应,从而使催化器内的有效催化剂成分的活性降低,使三元催化转换器的作用减弱。发动机在正常工作温度下,HC 和 CO 的燃烧所产生的热量可使催化器保持在最佳工作温度附近。而发动机的燃烧不完全、爆燃、失火及混合气过浓等,均会造成大量未燃汽油和 HC 在催化器中燃烧,其产生的热量将导致催化剂的高温失活,使催化器损坏。因此,车辆工作温度过低或过高都不利于催化器发挥最有效的作用,保持车辆的最佳工作温度也是保持催化器的最佳工作温度。

3)确保密封,防止漏气

排气系统或催化器壳体漏气(到达催化剂前)会影响催化器的正常工作。如果是三元催化转换器漏气,则会使进入催化剂的排气实际空燃比偏离理论空燃比,使转化效率明显降低。同时,部分排气未经催化器的净化而直接泄漏排出,会对大气环境造成实际污染。

4)安装牢靠,防止振动

催化器的陶瓷载体耐机械冲击和热冲击的能力较差,催化器如果安装得不牢固而造成振动,很容易使载体破碎,不仅完全不能工作,而且会使发动机的性能恶化。所以,应经常检查催化器的安装是否牢靠。

(二) 二次空气喷射系统

二次空气喷射是将新鲜空气强制喷入排气系统中,促进 HC 化合物和 CO 在排气管内与空气混合,进一步氧化成 H_2O 与 CO_2 的方法,是最早用来减少排气中 HC 和 CO 的方法之一。这种方法就像对着快要熄灭的火吹风,促使火焰继续燃烧。

1. 二次空气喷射系统分类

二次空气喷射系统按其空气喷入的部位可分为两类:

第一类,新鲜空气被喷入排气歧管的基部,即排气歧管与汽缸体相连接的部位,因此,排气中的 HC、CO 只能从排气歧管开始被氧化。

第二类,新鲜空气通过汽缸盖上的专设管道喷入排气门后汽缸盖内的排气通道内,排气中 HC、CO 的氧化更早进行。

二次空气喷射系统按照结构和工作原理的不同可以分为空气泵型和吸气器型两种结构类型。

二次空气喷射系统按控制形式不同可分为空气泵型二次空气喷射系统和脉冲型二次空气喷射系统。

2. 空气泵型二次空气喷射系统

空气泵型二次空气喷射系统主要由空气泵、分流阀、连接管道、空气喷射歧管等组成,如图 3-21 所示。

空气泵型二次空气喷射系统工作原理是:当发动机工作时,通过曲轴传动带带动空气泵运转,泵送量大而压力较低的空气流,通过软管进入分流阀。正常情况下,分流阀上阀门开启,空气流经分流阀、单向阀进入空气喷射歧管。空气喷射歧管将空气流喷入发动机排气孔或排气歧管,与排气中的 HC、CO 反应,使其进一步转化成 CO_2 和水蒸气,以减少排气污染。一旦空气泵泵送的空气压力太高,释压阀将起作用,瞬间切断向空气喷射歧管供应的空气,防止发动机产生回火,经过几秒后,双向作用阀下落,又恢复向空气喷射歧管供应空气,二次空气喷射系统正常工作。

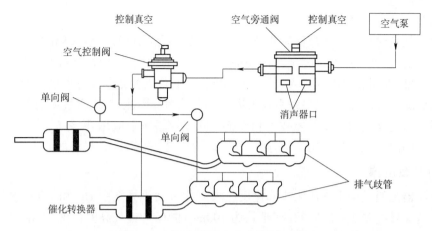

图 3-21 空气泵型二次空气喷射系统示意图

汽车冷起动时会要求比平常高的空燃比才能保证运转平稳。由于这个原因,电子控制模块(ECU)在冷起动时会命令发动机在开路循环模式(固定空燃比)运转 20～120s,直到氧传感器达到正常温度。而在这个过程中,尾气中会生成大量 CO 和 HC 等大气污染物。这些 CO 和 HC 是可以继续被氧化而减小污染的,只可惜此时的尾气中没有足够的氧气来进行氧化。

3.脉冲型二次空气喷射系统

脉冲型二次空气喷射系统也称吸气器型二次空气喷射系统。该系统不是应用空气泵泵送空气进入喷射歧管,而是应用排气压力的脉冲将新鲜空气吸入排气系统。研究发现,每次排气门关闭时,都会有这么一个很短的时间周期,在该时间周期内,排气孔和排气歧管内的气压都低于大气压力,也就是说产生了一个负压(真空)脉冲。利用这个真空脉冲,经空气滤清器吸入一定量空气进入排气歧管,用这部分空气中的氧去氧化排气中的 HC 和 CO。如果该车还装有催化式排气净化器,也可以用这部分空气去供应催化式排气净化器对氧的需要。这就是脉冲型或称吸气器型二次空气喷射系统的工作原理。

常见的脉冲型二次空气喷射系统由钢管、单向吸气器、软管等组成。钢管的一端接吸气器,另一端用连接盘与发动机排气歧管相连通,把经空气滤清器、软管、吸气器的新鲜空气导入排气歧管。

吸气器实际上是一个单向阀,它允许从空气滤清器来的空气经钢管流向排气歧管,并防止排气歧管中的废气经钢管回流到空气滤清器。

装有脉冲型二次喷射系统的发动机在息速或低速运转时,由于排气歧管内的负压脉冲使吸气器阀门开启。也就是说,在这种工况下,排气阀门每关闭一次,在排气歧管内则出现一次负压脉冲,吸气器的单向阀就开启一次。阀门开启,在外界大气压力的作用下,新鲜空气经空气滤清器、软管、钢管进入排气歧管,去进一步氧化排气中的 HC、CO,减少排气污染。当发动机高速运转时,由于排气门的频繁关闭,每次的负压脉冲周期特别短,由于惯性作用,吸气器的单向阀不可能开启,因此,吸气器的单向阀门实际是关闭的,此时它只起到一个阻止废气排入空气滤清器的截止阀作用。也就是说,在发动机高速运转时,脉冲型二次空气喷射系统实际上是停止工作的。

如果采用电控方式,由电控单元根据输入信号控制系统中的空气通过,则称为电控二次空气喷射系统。

二次空气喷射系统也常被称为补燃系统或后燃系统。其原因是可燃混合气在汽缸内进行第一次燃烧后,其中那些未完全燃烧的部分由于人为地引入新鲜空气而使其在排气过程中进行了补燃,因而经消声器排入大气时的尾气,很少有或者完全没有火星。而在有可燃气体存在的情况下,排气内有火星是引发火灾的一大原因。因此,二次空气喷射系统也是防止内燃机尾气引起火灾的一项重要技术和设施。除了在轿车上应用外,还广泛应用于安全性能要求更高的内燃机车和专用汽车,如液化气运输车、轻油运输车、机场加油车等。

(三) 热反应器

热反应器是通过均质气体的非催化反应来氧化汽油机排气中 HC 和 CO 的装置。其原理是基于这类反应器在一段时间内(平均为 100ms)能保持排气高温(800~900℃),排气离开汽缸后,在排气过程中继续进行氧化反应。热反应器属氧化装置,不能除去 NO_x。它通常是一种大型容器,备有绝热良好的隔热套,取代了常规排气歧管,被安装在紧靠发动机处。根据发动机内的空燃比,热反应器可分为两类。在富燃料燃烧的情况下,热反应器需要二次空气喷射系统,以完全氧化排气中较高质量浓度的 H 和 CO,并维持较高的反应温度,故其转化效率较高。在贫燃料燃烧的情况下,不需要二次空气喷射系统,其运转温度主要由排气温度决定,运行温度较低,导致转化效率较低。近年来由于有效的催化反应器的发展,对热反应器的需要已大为减少。

热反应器由壳体、外筒和内筒三层构成,中间加保温层,使内部保持高温。热反应器安装在排气总管出口处,由于有较大的容积和绝热保温部分,反应器内部的温度可高达 600~1000℃。同时在紧靠排气门处喷入空气(即二次空气),以保证 CO 和 HC 氧化反应的进行。CO 的氧化反应温度高于 850℃,HC 进行完全反应的温度应至少超过 750℃。热反应器必须为热反应提供必要的反应条件,通常在浓混合气工作条件下,热反应器产生大于 900℃ 的高温。通入二次空气时,CO 和 HC 的转化率最高,但会使燃油经济性恶化。对于稀混合气工作的汽油机,不需供给二次空气,并可减少空气泵的能量消耗。一般情况下,热反应器对 CO 和 HC 的转化率可达 80%。

热反应器系统在发动机冷起动时不能发挥作用,起动后,为了工作可靠,要求排气中有足够的可燃物质以保证产生自燃反应,这就需使混合气质量浓度大大高于最经济时的质量浓度,从而导致油耗增大。

热反应器不能净化 NO_x。尽管其有隔热装置,但仍给车辆底部增加了大量的热负荷。热反应器的内部温度高达 800~1100℃,且长期处于铅、磷和高温的工作条件,即使采用高级昂贵材料,也几乎无法解决零件的寿命问题。

(四) 氧化催化反应器

氧化催化反应器(Oxidization Catalytic Converter, OCC)可以使 HC 和 CO 在排气温度低达 250℃ 的条件下进行氧化生成 CO_2 和 H_2O,因此也称二元催化转换器。OCC 工作温度要求低,转换效率比热反应器高,外观和使用条件与三元催化转换器(TWC)基本相同。然而,OCC 对催化剂的要求没有 TWC 高,用 Pt 或 Pd 就很好,不需用昂贵的 Rh,甚至不含贵金属的配方也可以。虽然由于不能有效减少 NO_x 排放,OCC 已被 TWC 淘汰,但是,对于稀燃汽油机或二冲程汽油机,NO_x排放较少,未燃 HC 化合物排放较多,OCC 还有"用武之地"。稀燃天然气发动机一般也采用 OCC。柴油机排气微粒中炭烟难以氧化,但用 OCC 可以氧化微粒中大部分有机可溶成分,从而达到微粒排放降低的效果,同时也可使柴油机的 HC 和 CO 排放减少。另外,OCC 可与其他柴油机排气后处理器联合使用,组成排气后处理系统。

汽油机 OCC 也可与 TWC 联合使用降低排放。排气首先通过 TWC 减少 HC、CO 和 NO_x三种有害排放物,然后经 OCC 再次减少 HC 和 CO 排放。TWC 与 OCC 之间用一小块空气空间隔开,空气空间安装二次空气喷射系统,为 OCC 反应过程提供新鲜空气。

(五)稀薄燃烧汽油机尾气净化技术

稀薄燃烧是指发动机在空燃比大于理论空燃比的条件下运行。它的尾气具有与普通汽车尾气类似的化学成分,但其中还原性及氧化性气体的相对含量不同于普通汽车的尾气。例如,当空燃比由理论空燃比 14.7 提高到 22 时,尾气中 CO 的浓度将明显降低。HC 和 NO_x在一定的空燃比范围内也有所减少,但尾气中 O_2的浓度明显升高,使汽油机已有的三元催化剂对 NO_x的转化率大为降低,使得尾气中的 NO_x超标。因此,提高富氧条件下 NO_x的转化率,是稀薄燃烧净化技术的关键。在稀薄燃烧条件下去除汽油机尾气中的 NO_x主要有以下三种技术:第一种是直接催化分解技术,第二种是吸收还原技术,第三种是选择性催化还原技术。

1. 直接催化分解技术

直接催化分解技术是从热力学的角度考虑,将 NO_x分解成 N_2和 O_2。实现上述反应的关键是催化剂的活性。直接催化分解技术不使用还原剂,避免了使用价格高昂的贵金属作为催化剂,所以是一种比较理想的 NO_x处理技术。研究表明,能直接分解 NO_x的催化剂是将 Cu、Co、Ni、Ga、Fe、Zn、Pt 等通过离子交换法载于 ZSM – 5 或 Y 型沸石上制成的。这种催化剂具有高活性和选择性,在氧化气流中由 HC 还原 NO_x的表现良好,且有一定抗硫中毒的能力,在稀薄燃烧发动机尾气的催化转换中显示了较好的潜力。然而,在 NO_x直接分解的过程中,氧对该反应有明显的阻碍作用,存在严重的氧抑制等问题。

2. 吸收还原(NSR)技术

吸收还原 NO_x的催化材料主要有贵金属(主要是 Pt)、碱土金属(Na^+、K^+、Ba^{2+})、稀土氧化物(主要由 La_2O_3组成)。在富氧条件下,NO_x首先在贵金属上被氧化,然后与 NO_x存储物发生反应,生成硝酸盐。当发动机以理论空燃比或低于理论空燃比燃烧时,硝酸盐分解形成 NO_x,随后与 CO、H_2、HC 反应,被还原成 N_2。NO_x的存储能力与氧的浓度有关,氧浓度增加,NO_x的存储能力提高。当氧浓度达到 1% 以上时,NO_x的存储能力基本不变。NO_x的存储能力还与存储物的碱性有关,碱性越强,NO_x的存储能力越强。但碱性过大会影响 Pt 的活性,降低 HC 的转化率。Pt 颗粒物的尺寸也影响 NO_x的转化率,颗粒物越小,比表面积就越大,催化活性点便越多,NO_x的转化率越高。

NSR 催化剂对 NO_x的净化率可达 70% ~ 90%,但其耐硫性能和高温稳定性须进一步提高。

3. 选择性催化还原(SCR)技术

(1)以 HC 为还原剂的选择性催化还原(HC—SCR)技术。

人们在直接分解 NO_x 研究的基础上,发现了 HC 选择性还原 NO_x 的反应。在富氧条件下,HC 选择性催化还原 NO_x 的反应可以简化表示为:

$$NO_x + O_2 + HC \longrightarrow N_2 + CO_2 + H_2O \tag{3-13}$$

催化剂分为四类:氧化物、分子筛(沸石)、负载在沸石上的金属(主要指过渡金属)和负载贵金属。

(2)以氨类化合物为还原剂的选择性催化还原(NH_3—SCR)技术。

这种技术是将 NH_3 及水解或热解产生的 NH_3 化合物喷入废气流或直接喷入燃烧室,在发达国家已经作为一种稳定的 NO_x 净化技术在柴油车上使用。NH_3 在汽车尾气中主要选择 NO_x 反应而不是 O_2,在含 O_2 废气主要进行如下反应:

$$NO + NH_3 + O_2 \longrightarrow N_2 + H_2O \tag{3-14}$$

$$NO_2 + NH_3 \longrightarrow N_2 + H_2O \tag{3-15}$$

下列氧化反应则会使部分氨散失:

$$O_2 + NH_3 \longrightarrow N_2 + H_2O \tag{3-16}$$

在 SCR 催化器中,所用的催化剂主要有 Fe/ZSM-5、V_2O_5、WO_3、V_2O_5/MoO_3、Fe_2O_3 或 $V_2O_5/TiO_2/SiO_2$。其中 $V_2O_5/TiO_2/SiO_2$ 的还原活性最强,其抗硫中毒能力和催化 SO_2 氧化的能力也比其他催化剂强,除 WO_3 对 NO_x 还原的催化活性中等外,其他催化剂对还原反应的催化活性都高,但催化 SO_2 氧化的活性都低。这种技术的主要优点是 NO_x 的转化效率特别高,在一定温度范围内可获得大于 95% 的转化效率,但由于 NH_3 本身有毒且操作成本高,多余的 NH_3 在排放后也需要进行处理。

(六)新型后处理技术

目前传统三元催化转换器一般装在离发动机出口约 1.2m 处,在发动机开始工作的前 200s 内,催化剂的床层温度都低于 250℃,而没有达到催化剂的起燃温度,故无法对冷起动期间排放的污染物起到净化作用。解决冷起动排放问题,最直观的思路是缩短催化转换器达到起燃的时间,可采取以下措施。

1. 纳米金催化剂

要降低起燃温度必须要在现有的三元催化剂的基础上提高储氧能力,加大贵金属的用量,这无疑将加大净化器的成本且降低的温度幅度不大。通常在前 60s 内,三元催化剂床层温度还不到 100℃,必须开发低起燃的新活性组分和新催化材料。近年来兴起的活性载体 TiO_2、Fe_2O_3、CoO_3 等上负载的纳米金超微粒子是一种新催化剂,该催化剂对 CO 氧化有极高的活性,可以做到在 $-70℃$ 下完全将 CO 氧化成 CO_2,其对 CO + NO,HC + NO 的催化反应也显示出较高的活性。但目前还无法做到在汽车排气气氛下大幅度削减尾气排放量,纳米金催化剂的耐热性能也有待进一步提高。

2. 电加热催化器(Electric Heat Conveter,EHC)

降低汽车冷起动排放的另一方法就是加热排气,或在催化剂表面使用阻性材料,同时使用一个电源,直接加热催化器。采用电预热的方法,使金属载体的催化剂在 5~10s 内就达到催化剂的起燃温度,从而减少冷起动开始几分钟内有害物质的排放量。如果催化剂载体直接被电加热,那么预热就直接作用在催化剂表面上。在这样的系统里,除电加热催化器外,还需要一个常规催化器,即体积较大的车厢底板催化器,它在冷起动后的其他阶段提供有效的反应。电加热催化器的构成有两种方式。一种方法是利用金属箔片,使金属箔片构成电阻性元件,催化剂的涂层沉积在金属表面。通过给金属箔片通电,使其快速加热至催化剂的起燃温度。另外一种方法是利用烧结金属压制成整体催化剂载体,然后将催化剂涂层沉积在其表面。上述两种方法使用的基体金属材料都是铁素体钢及一些添加剂。近年来,电加热催化器的功率消耗已大幅降低,已不需要使用额外的电池,可直接使用汽车的蓄电池供电。使用电加热催化器,可达到超低排放,但其耐久性还是个问题。

还有一种带二次空气喷射的电加热催化器。在汽车冷起动时,由空气泵在催化器前泵入二次空气,因为冷起动时的发动机运行在浓混合气的状态,直到进入闭环控制以后为止,因此需要给电加热催化器提供额外的氧气以氧化 HC 和 CO。

3. 紧耦合催化器(Close-Coupled Catalysts,CCC)

汽车技术的发展对三元催化剂性能提出了更高的要求。为使燃料充分燃烧及降低温室气体的排量,汽油车也将采用稀燃技术,这就要求三元催化剂具有更好的 NO_x 选择还原性,为尽量减少发动机冷起动时的排量,更多的汽车将采用紧耦合催化器。

紧耦合催化器就是将催化器安装在离发动机排气歧管较近的位置,以降低催化器前排气管的散热量,从而缩短汽油机冷起动时催化剂的起燃时间。在冷起动时,大量的热通过排气散出,如果催化器和排气歧管距离很近,则排气进入催化器时温度更高,催化剂则能更快达到起燃温度。所以可降低冷起动排放,尤其是 HC 排放。

当车速较高时,排气温度较高,由于催化器距离排气歧管很近,这可能导致紧耦合催化器加速失效,从而降低了催化器的耐久性。由于含钯催化剂的热稳定性要高于铂/铑催化剂,因此更适宜用于紧耦合催化器。

4. HC 吸附捕集器

HC 吸附捕集器是另一项重要技术,在捕集器中,冷态 HC 被吸附并被保留在吸附剂上,直到催化剂达到起燃温度。HC 吸附捕集器的材料目前看来主要是各种形式的沸石(硅酸盐、发光 Y 型、ZSM - 5 型和 β 型沸石)。另外,一些研究者也在研究活性炭材料作为 HC 吸附材料的可能性。为使 HC 吸附捕集器有效工作,当三元催化转换器进口温度大于 250℃ 的反应温度时,HC 必须能从捕集器中释放出来。这些被释放出来的 HC 然后在二元催化转换器中被氧化。传统的二元催化转换器位于 HC 吸附捕集系统的下游,或两者位于同一载体上,当 HC 释放以后,被三元催化转换器转换。

5. 车用单钯三元催化剂

为了节约价格高昂、资源有限的铑(Rh),目前对单钯三元催化剂的研究与开发越来越多。对于只含有贵金属钯而不含有其他贵金属的催化剂,钯要和某些金属氧化物连用,并且要重新设计催化器以优化其性能。催化器厂家已经在提高含钯催化剂耐久性和更好的耐硫性上取得进展。研究表明,含钯催化剂确实可以在更高的运行温度下,满足未来更为严格的排放法规。

6. 催化器结构的改进

目前主要的汽车催化剂载体是整体蜂窝陶瓷。可以将整体蜂窝陶瓷看作是由一系列的管子并列在一起,蜂窝密度从 300 ~ 1200 孔/in²。整体蜂窝陶瓷技术的特点体现在:催化器安装方法较为简单,反应器设计柔性较大,排气通过时压力较低,传热率较高及气体通过性较好等。这些特点使得整体蜂窝陶瓷技术作为目前最理想的催化剂载体主导整个市场。最为理想的陶瓷材料是堇青石陶瓷。堇青石陶瓷大致的成分为 $2MgO \cdot 5SiO_2 \cdot 2Al_2O_3$，该材料的软化温度为 $1300℃$ 以上。

最近，汽车催化剂的金属载体开始被应用，这是因为金属载体的壁厚可以做得更薄，通道面积可以占整体截面积的 90% 以上，这使得其压降较低，通道密度大，催化转换器的体积较小。这种金属材料的主要构成为铁素体不锈钢合金，其成分包括铁、铬、铝、稀土元素等。

催化器壁厚的减薄导致了其热容的减小，这样催化转换器就可以更快地达到起燃温度，从而进一步降低汽车排放。增加蜂窝密度提高了催化转换器的表面积，这使得在贵金属量不增加的情况下，催化转换器具有更大的活性，从而排放更低。

7. 快速起燃氧传感器

目前的氧传感器只有在排气达到一定的温度后，才可以有效工作。这样在汽车冷起动时，传感器在该温度限以下不能工作。在这种情况下，多数发动机管理系统默认以浓混合气的方式运行，这会导致燃油消耗率增加和排放升高。快速起燃氧传感器通过将氧传感器移近排气歧管，或者使用加热氧传感器，可以使发动机管理系统更早地有效工作，从而可以控制发动机更早地以理论混合气运行，较大幅度地降低排放，同时在冷起动时对油耗也有一定程度的降低。

四、压燃式发动机机内净化技术

柴油机由于所用燃料、混合气形成方式及燃烧方式等方面的特征，其排放的 CO 和 HC 相对汽油机来说要少得多，排放的 NO_x 与汽油机在同数量级，但 PM 的排放量要比汽油机大几十倍甚至更多。因此，柴油机的排放控制重点是 NO_x 与 PM，其次是 HC。降低柴油机 PM 的排放量，要求改善柴油机的混合气形成与燃烧过程，但是，柴油机燃烧过程的改善往往会引起 NO_x 排放量的增加，这就给柴油机的排放控制造成了困难。如何在保持柴油机良好经济性能的同时减少燃烧过程中 NO_x 的生成，是当前面临的主要技术挑战。

柴油机的燃烧过程包含了预混、扩散混合等过程，远比汽油机复杂，因而可用于控制有害物生成的燃烧特性参数也远比汽油机复杂，这使得寻求一种兼顾排放、热效率等各种性能的理想发热规律成了控制柴油机排放的核心问题。为达到此目的，研究理想的喷油规律、理想的进气运动规律，以及与之匹配的燃烧室形状是必不可少的。柴油机机内控制技术在实际应用中常常是几种措施同时使用。目前主要有以下一些技术对策。

(一) 改进燃烧室设计

通过优化设计燃烧室参数，采用新型燃烧方式，达到控制 NO_x 和 PM 的目的。

柴油机燃烧室是由进气系统进入的空气与由喷油系统喷入的燃油混合后进行燃烧的场所，所以燃烧室的几何形状对柴油机的性能和排放具有重要的影响。

燃烧室按其设计形式的不同，可以分为非直喷式燃烧室和直喷式燃烧室。这两种燃烧系统在混合气形成、燃烧组织和适应性方面都各有特点，因而在有害排放物的生成量方面也有所不同。

非直喷式燃烧室往往由主、副燃烧室两部分组成，燃油首先喷入副燃烧室内进行混合燃烧，然后进入主燃烧室进行二次混合燃烧。非直喷式燃烧室按构造划分，主要有涡流室式燃烧室和预燃室式燃烧室两种。

对于涡流室式燃烧室和预燃室式燃烧室而言,由于其燃烧过程均采用浓、稀两段混合燃烧方式,前段的浓混合气抑制了 NO_x 的生成和燃烧温度,而后段的稀混合气和二次涡流又加速了燃烧,促使炭烟的快速氧化,因而 NO_x 和 PM 的排放量都比较低。涡流室式与预燃室式唯一不同的是,预燃室式连接主燃室与预燃室的通孔方向不与预燃室相切,因此在压缩行程期间,预燃室内形成的是无组织的湍流运动。

直喷式燃烧系统的燃烧室相对集中,只在活塞顶上设置一个单独的凹坑,燃油直接喷入其内,凹坑与汽缸盖和活塞顶间的容积共同组成燃烧室。根据凹坑开口大小及深浅,一般又分为开式燃烧室或统式燃烧室,例如浅盆形燃烧室,和半开式燃烧室,例如深坑形燃烧室和球形燃烧室。

开式燃烧室内的油气混合属于较均匀的空间混合方式,在燃烧过程的滞燃期内,可形成较多的可燃混合气。因而,燃烧初期的压力升高率和最高燃烧压力均较高,工作粗暴,燃烧温度高, NO_x 的生成量较高。

与开式燃烧室的混合形式相比,半开式燃烧室采用了燃油和空气相互运动的混合气形成方式,使初期燃烧缓慢,压力升高率较低, NO_x 的排放得到了抑制。

(二)优化喷油规律

柴油机的喷油规律对混合气形成和燃烧过程以及各种排放污染物的生成有重要影响。

喷油器在单位时间内(或 1″喷油泵凸轮轴转角内)喷入燃烧室内的燃油量称为喷油速率。喷油规律是指喷油速率随时间(或喷油泵凸轮轴转角)的变化关系。

根据对柴油机工作过程的研究和分析,可得出以下结论。

(1)滞燃期内的初期喷油量控制了初期放热率,从而影响了最高燃烧压力和最大压力升高率。这些都直接与柴油机噪声、工作粗暴性和 NO_x 的排放量等相关。

(2)为了提高循环热效率,应尽量减小喷油持续角,并使放热中心接近上止点,使等容燃烧的比例增加。喷油持续角与平均喷油率是直接相关的,喷油持续角过大,即平均喷油率较小,不仅会因拉长燃烧时间、减小喷油压力而降低整机动力性和经济性,也会使燃烧过迟而导致 HC、CO 的排放量和烟度增加。

(3)在喷油后期,喷油率应快速下降,以避免因燃烧拖延而造成烟度及耗油量的加大。喷油后期也不应该出现二次喷射及滴油等不正常情况。

为降低柴油机的排放,必须有较理想的燃烧过程,如抑制预混合燃烧以降低 NO_x 的生成量,促进扩散燃烧以降低 PM 的生成量和提高热效率。为了实现这种理想的燃烧过程,必须有合理的喷油规律:初期喷油速率不能太高,目的是减少在滞燃期内形成的可燃混合气量,降低初期燃烧速率,以降低最高燃烧温度和压力升高率,从而抑制 NO_x 的生成量及降低燃烧噪声。喷油中期应采用高喷油压力和高喷油速率以提高扩散燃烧速度,防止生成大量的 PM 和降低热效率。喷油后期要迅速结束喷射,以避免在低的喷油压力和喷油速率下使燃油雾化变差,导致燃烧不完全而使 HC 和 PM 的排放量增加。这种理想喷油规律的形状近似于"靴形",可以通过控制初期喷油的速率和时间长短、中期喷油速率的变化率(斜率)和最高速率以及后期的断油速率来实现,同时还应考虑喷油持续期和喷油开始时间。

预喷射也是一种实现柴油机初期缓慢燃烧的喷油方法,如图 3-22 左上角所示的几种喷油模式。在主喷射前,有少量的预先喷射,使得在着火延迟期内只能形成有限的可燃混合气,这部分混合气只产生较弱的初期燃烧放热,并使随后的主喷射燃油的着火延迟期缩短,避免了一般直喷式柴油机燃烧初期的压力、温度急剧升高,因而可明显降低 NO_x 的排放量。此外,超过一次以上的多段预喷射有助于改善柴油机起动和怠速时的燃烧稳定性,从而减少这些工况下柴油机 HC 的排放量。

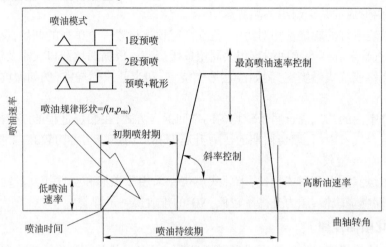

图 3-22 理性的喷油规律

要优化吸油规律,靠常规的机械喷油系统是很难完成的。只有采用电控喷油系统,才能灵活地控制喷油规律,特别是目前大量使用的电控高压共轨喷射系统,可以在很大程度上实现对喷油规律的优化控制,

优化喷油规律的另外一个方面是设置合理的喷油时刻。

喷油正时是指通过控制滞燃期来间接地影响发动机的性能。若喷油提前角过大,则燃料在柴油机的压缩行程中燃烧的数量就多,不仅会增加压缩负功,使燃油消耗率上升、功率下降,而且会因滞燃期较长,而使最高燃烧温度、压力迅速升高,使得柴油机工作粗暴、NO_x 的排放量增加;而如果喷油提前角过小,则燃料不能在上止点附近迅速燃烧,导致后燃增加,虽然最高燃烧温度和压力降低,但燃油消耗率和排气温度增高。所以,柴油机对应每一工况都有一个最佳喷油提前角,

喷油正时对柴油机 HC 排放量的影响比较复杂。它与燃烧室形状、喷油器结构参数及运转工况等有关,故不同机型的柴油机往往会得到不同的结果。喷油提前,滞燃期延长,使较多的燃油蒸气和小油粒被旋转气流带走,形成了一个较宽的过稀不着火区,同时燃油与壁面的碰撞增加,这会使 HC 的排放量增加;而喷油过迟,则会使较多的燃油没有足够的反应时间,HC 的排放量也会增加。

对 NO_x 而言,当喷油提前时,燃油在较低的空气温度和压力下喷入汽缸,结果是使滞燃期延长,导致了 NO_x 的增加;推迟喷油则会降低初始放热率,使燃烧室中的最高温度降低,从而减少 NO_x 的排放量。所以,喷油正时的延迟是减少 NO_x 最快捷有效的措施。但喷油延迟必将使燃烧过程推迟进行,使最高燃烧压力降低,功率下降,燃油经济性变坏,并产生后燃现象,同时使排温升高,烟度增加。因此,喷油延迟必须适度。

大负荷时,影响 PM 排放量的主要是固相碳,喷油延迟,烟度会增加,即 PM 中固相碳的比例增加。而在小负荷、怠速工况下推迟喷油,由于燃烧温度低,燃烧不完善,从而导致 PM 中可溶性物质比例的增加。因此,将喷油延迟,PM 的排放量在各种工况下都会增加。但喷油过于提前,会使燃油在较低温度下喷入而得不到完全燃烧,也会导致 PM 及 HC 排放量的增加,更重要的是还会导致 NO$_x$ 排放量的增加。所以总有一个最佳喷油提前角,在该提前角下,柴油机的功率大,燃油消耗率低,PM 的排放量也最小。

(三) 采用增压技术

通过增压中冷、可变进气涡流、多气门等措施,可以改善进气状态,控制 PM。

所谓增压,就是利用增压器将空气或可燃混合气进行压缩,再送入发动机汽缸的过程。增压后,每循环进入汽缸的新鲜空气或混合气的充量密度增大,使实际充气量增加,从而达到提高发动机功率、改善经济性及排放性能的目的。增压比是指增压后气体压力与增压前气体压力之比,增压度则是发动机增压后所增加的功率与增压前的功率之比。

根据增压器能量来源与利用方法的不同,发动机增压可分为机械增压、废气涡轮增压、气波增压和复合增压四种。目前应用最多的是废气涡轮增压。

1. 增压对 CO 排放量的影响

柴油机中 CO 是燃料不完全燃烧的产物,主要在局形缺氧或低温下形成。柴油机燃烧通常在过量空气系数大于 1 的条件下进行,因此其 CO 的排放量比汽油机低。采用涡轮增压后,过量空气系数还要更大,燃料的雾化和混合进一步得到改善,发动机的缸内温度能保证燃料更充分地燃烧,CO 的排放量可进一步所低。

2. 增压对 HC 排放量的影响

柴油机排气中的 HC 主要是由原始燃料分子、分解的燃料分子及燃烧反应中的中间化合物组成的,小部分是由窜入汽缸的润滑油生成的。增压后,进气密度增加、过量空气系数增大,可以提高燃油雾化质量,减少沉积于燃烧室壁面上的燃油,从而使 HC 的排放量减少。

3. 增压对 NO$_x$ 排放量的影响

NO$_x$ 的生成主要取决于燃烧过程中氧的浓度、温度和反应时间。降低 NO$_x$ 排放量的措施是降低最高燃烧温度和氧的浓度,以及缩短高温持续的时间。

柴油机单纯增压后可能会因过量空气系数增大和燃烧温度升高而导致 NO$_x$ 排放量的增加。实际应用中,在柴油机增压的同时,常采用减小压缩比,推迟喷油正时和组织废气再循环等措施来减小热负荷和降低最高燃烧温度。压缩比的减小可以降低压缩终了时的介质温度,从而降低燃烧火焰温度;推迟喷油正时可以缩短滞燃期,减少油束稀薄区的燃料蒸发和混合,从而降低最高燃烧温度;废气再循环在一定程度上抑制了着火反应速度,从而可以控制最高温度。为解决由喷油正时推迟和废气再循环所导致的后燃期延长的问题,须增大供油速率,缩短喷油时间和燃烧时间。

采用进气中冷技术可以降低增压柴油机的进气温度,使燃烧温度得到有效控制,有利于减少 NO$_x$ 的生成。

4. 增压对 PM 排放物的影响

影响柴油机 PM 生成的原因较复杂,其主要因素是过量空气系数、燃油雾化质量、喷油速率、燃烧过程和燃油质量等。一般柴油机中降低 NO$_x$ 排放量的机内净化措施通常会导致

PM 排放量的增加,增压柴油机,特别是在采用高增压比和空—空中冷技术后,可显著增大进气密度,增加缸内可用的空气量。如果同时采用其他改善燃烧过程的技术,则可有效地控制 PM 的排放。

(四)废气再循环

废气再循环(EGR)技术首先被应用于汽油机上,长期以来,一直被认为是一种降低汽油机 NO_x 排放量的有效措施。从 20 世纪 70 年代开始,国外就将废气再循环技术应用于柴油机,研究表明,它同样适用于柴油机,并能有效地降低柴油机的 NO_x 排放量。

柴油机燃烧时,温度高、持续时间长及富氧状态是生成 NO_x 的三个要素。前两个要素随转速和负荷的增加而迅速增加,而富氧状态则与空燃比直接相关。因此,必须采取有效的措施降低燃烧峰值温度,缩短高温持续时间,同时应采用适当的空燃比,以降低 NO_x 的排放量。

柴油机利用废气再循环技术降低 NO_x 排放量的基本原理和汽油机大致相同。自然吸气柴油机由于进、排气之间有足够的压力差,因此 EGR 的控制比较容易。但 EGR 回流气中的 PM 可能引起汽缸活塞组和进气门的磨损,为减轻这种影响,首先要尽可能地降低 PM 的排放量。而增压中冷柴油机根据废气引出于压气机入口前或出口后,EGR 外部回路的不同,其 EGR 系统可分为低压回路连接法(LPL)和高压回路连接法(HPL)两种。

但是,柴油机 EGR 与汽油机 EGR 仍然存在差异。

(1)各工况要求的 EGR 率不同。对于汽油机来说,一般在大负荷、起动、暖机、怠速、小负荷时不宜采用 EGR 或只允许较小的 EGR 率,在中等负荷工况下允许采用较大的 EGR 率。对于柴油机而言,在高速大负荷、高速小负荷时,由于燃烧阶段所必需的氧气浓度相对降低,助长了炭烟的排放,故应适当限制 EGR 率;部分负荷时采用较小的 EGR 率除可降低 NO_x 的排放量外,还可改善燃油经济性;低速小负荷时可用较大的 EGR 率,这是由于柴油机此时的过量空气系数较大,废气中的含氧量较高,故较大的 EGR 率不会对发动机的性能产生太大的影响。

(2)EGR 率不同。由于柴油机总是以稀燃方式运行,其废气中的 CO_2 和水蒸气的比例要比汽油机低。因此,为了达到对柴油机缸内混合物热容量的实际影响,需要具有比汽油机高得多的 EGR 率。一般汽油机的 EGR 率最大不超过 20%,而直喷式柴油机的 EGR 率允许超过 40%,非直喷式柴油机允许超过 25%。

(3)柴油机进气管与排气管之间的压差较小。尤其是在涡轮增压柴油机中,大、中负荷工况范围内,压气机出口的增压压力往往大于涡轮机出口的排气压力,EGR 难以自动实现,使 EGR 的应用工况范围及 EGR 的循环流量均受到限制。为扩大 EGR 的应用范围,需在进气管或排气管上安装节流装置,通过节流改变进气压力或排气压力。因此,柴油机的 EGR 系统要比汽油机的复杂。

五、压燃式发动机后处理净化技术

随着柴油机在汽车中的应用日益广泛以及排放法规的日趋严格,在对柴油机进行机内净化的同时,必须进行后处理净化。

柴油机与同等功率的汽油机相比,PM 和 NO_x 是排放中两种最主要的污染物,尤其是 PM 排放量是汽油机的 30 ~ 80 倍。机内净化措施有效降低了 PM 排放,但仍存在这些问题:①润滑油的消耗只能减少到一定的程度,任何一种发动机不可能不消耗润滑油;②机内净化主要以油气充分混合为目的,如高压喷射技术对大微粒的减少是以增加细小微粒数量为代价,而细小微粒对人体和环境的危害更大;③降低 PM 与降低 NO_x 之间存在一定的矛盾。随着排放法规的进一步严格,仅靠机内净化方法将很难使柴油机的排放满足新的排放法规,因此必须采用后处理技术。柴油机较具代表性降低 PM 和 NO_x 排放的后处理技术如图 3-23 所示。

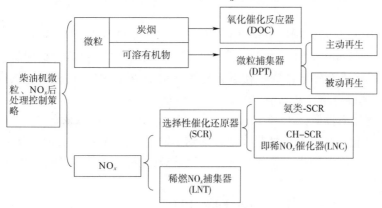

图 3-23　柴油机典型后处理净化技术

(一)颗粒物机外净化技术

1. 氧化催化反应器(Diesel Oxidizing Catalyst,DOC)

柴油机氧化催化反应器(DOC)主要通过催化氧化的方法,减少柴油机排气中 CO 和 HC 的排放;同时也可以通过氧化颗粒物中的可溶性有机物(SOF),在一定程度上减少颗粒物的排放。柴油机 DOC 的工作原理与汽油机三元催化转换器(Three-Way Catalytic Converter, TWC)的工作原理相似,不同的是前者工作在氧化性气体氛围中,而后者主要工作在还原性气体氛围中,因而其催化原理也不相同。但 DOC 与汽油机氧化催化反应器(OCC)采用的氧化催化剂原则上相同。目前常用的催化剂是由铂(Pt)系、钯(Pd)系等贵金属和稀土金属构成。用有多孔的氧化铝(如堇青石)做催化剂载体的材料,并做成多面体形粒状(直径一般为 2~4mm)或是蜂窝状结构。尽管柴油机排气温度低,微粒中的炭烟难以氧化,但氧化催化剂可以氧化微粒中 SOF 的大部分(SOF 可下降 40%~90%),从而降低微粒排放。同时也可使柴油机的 CO 排放降低 30% 左右,HC 化合物排放降低 50% 左右。此外,DOC 可净化多环芳香烃(PAH)50% 以上,净化醛类达 50%~100%,并能够减轻柴油机的排气臭味。虽然 DOC 对微粒的净化效果远远不如微粒捕集器,根据 SOF 在颗粒中的含量不同,DOC 可以降低 3%~25% 的 PM 排放量,但由于 HC 化合物的起燃温度较低(170℃以下就可再生),所以 DOC 不需要昂贵的再生系统和控制装置,结构简单,成本较低。

DOC 存在的主要问题是高温老化和催化器中毒的问题。工作温度对催化剂的转化效率具有较大的影响。当温度低于 150℃时,催化剂基本不起作用,而高于 400℃时,由于燃料中的硫形成硫酸盐、容易引起催化剂中毒而降低转化效率。因此,DOC 的最佳工作温度为 200~400℃。催化剂活性随着使用时间的增加会逐渐降低,且中毒后仅可部分恢复活性。DOC 对燃油中的硫含量比较敏感,要求柴油硫含量较低(不超过 50×10^{-6}),否则催化剂会将排气中的 SO_2 氧化成 SO_3 生成硫酸或固态硫酸盐微粒,导致排气中硫酸盐成分额外增加。

另外,单独使用 DOC 时,会造成 NO_x 中 NO_2 比例的增加,而 NO_2 的毒性是 NO 毒性的 4 倍,因此,DOC 单项技术不是降低柴油机排放物的主流后处理技术。通常,由于 DOC 可同时降低 HC 化合物、CO 和 PM,常常在发动机上与 EGR 同时使用,以全面改善发动机的排放水平。同时,DOC 也多用在 SCR(选择催化还原)系统中,以促进尿素的水解反应和防止 NH_3 的泄漏。另外,DOC 可以把部分 NO 氧化为 NO_2,为接下来的 SCR 或微粒捕集器(DPF)再生反应做准备。

柴油机的 DOC 与颗粒物捕集器(DPF)相比具有一定的优点:①可氧化大部分吸附在颗粒表面的 SOF,从而减少 PM 排放量;②不需要再生系统和控制装置,结构简单,成本较低;③对柴油机的动力性和经济性影响较小。虽然 DOC 存在上述优点,但其仍然存在着一些问题:①对燃油中的硫含量比较敏感,要求柴油硫含量要低;②贵金属催化剂活性会逐渐降低;③对微粒的净化效率较低。

DOC 因其净化效果的有限性往往很难达到车辆排放控制的要求,但因其结构简单、成本低、可以氧化 HC 和 CO 产生大量热量等特点,结合其他后处理技术一起使用,能对排气起到很好的净化作用。

2. 颗粒物捕集器(Diesel Particulate Filter,DPF)

对柴油机颗粒物的脱除包括机内控制技术和后处理技术。通过机内控制技术,柴油机的颗粒物排放已能很好地满足欧Ⅱ和欧Ⅲ排放法规。研究表明,采用机内控制技术改进后的柴油机能很大程度地减少颗粒物的排放量,但其产生的超细颗粒物的数量反而增加了,而颗粒物越细,对人体的危害越大。尾气后处理技术则可以比较成功地减少细颗粒物的排放量,以弥补机内控制技术的不足。因此,为了满足更高的排放法规的要求,尤其是在欧Ⅳ排放法规颁布后,尾气后处理技术已成为一项必需的颗粒物减排技术。

在排气尾部增设颗粒物捕集器(DPF)对颗粒物进行捕集是最可行的一种尾气后处理技术,通过拦截、碰撞、扩散等机理,过滤体可以将尾气中的颗粒物捕集起来。目前,商品化的表面过滤式颗粒物捕集器可以达到 90% 以上的捕集效率。此外,也可使用等离子体净化技术和净电分离技术等对颗粒物进行脱除。

目前,按照捕集器所用过滤体类型的不同,可以分为壁流式蜂窝陶瓷过滤体、泡沫陶瓷过滤体、金属丝网过滤体和编织陶瓷纤维过滤体。从机械强度、过滤性能等方面考虑,这几种类型的过滤体中,壁流式蜂窝陶瓷过滤体具有最好的综合性能,更适于作为车用柴油机 DPF 系统的过滤体,是目前应用最为广泛的过滤体形式。

过滤体主要以物理过滤的方式对柴油机颗粒物进行捕集。对于过滤机理而言,过滤介质对颗粒物的捕集通常是通过惯性碰撞、拦截、扩散和静电捕集等机理进行的。对于直径较大的颗粒物,当其随气流通过过滤介质时,气体的流向发生改变,但由于颗粒物质量较大来不及改变原有的运动轨迹,会以惯性碰撞的方式碰撞到过滤介质上而被捕集,这种捕集方式称为惯性碰撞捕集。对于直径较小的颗粒物,其与气体流动具有较好的跟随性,气体流量改变时,颗粒物的运动轨迹也随之改变,但颗粒物在流动过程中会接触到过滤介质而被捕集,这种捕集方式称为拦截。对于非常细小的颗粒物(< 100nm),由于气固两相流与过滤介质壁面间存在颗粒物浓度差,颗粒物会以扩散的方式扩散到过滤介质表面而被捕集,这种捕集方式称为扩散捕集。对于带有一定静电的颗粒(柴油机颗粒物在燃烧过程中会产生一定量

的静电,相应颗粒物带正电荷或负电荷,但整体呈中性),随着捕集的进行,相应的过滤介质也带正电成负电(或过滤介质自身带电),因此,可以通过正负电吸引的方式对颗粒物进行捕集,这种捕集方式称为静电捕集。

随着颗粒物被捕集器大量捕集并在其内部沉积下来,过滤体的压降逐渐增大,导致排气阻力增大,使缸内燃烧恶化,影响了柴油机的动力输出和经济性。因此,当过滤体的压降达到一定程度后(通常限定柴油机的排气背压小于16kPa),需要将过滤体进行再生,降低其过滤压降,实现连续捕集的目的。柴油机颗粒物的主要成分是炭烟,其燃烧温度约为 $550 \sim 700℃$,而柴油机的排气温度为 $180 \sim 450℃$,颗粒物无法在柴油机正常工况下的排气中完全燃烧。因此,需要采用辅助技术实现过滤体的再生。再生技术可分为被动再生和主动再生两类。

被动再生包括燃油添加剂催化再生、连续再生、NO_2 辅助再生等。被动再生的原理是利用催化剂降低颗粒物的氧化温度,使其能在较低的温度下氧化,从而可以达到降低外加热源的功率,甚至取消外加热源的目的,被动再生具有明显的技术优势。主动再生包括喷油助燃再生、电加热再生、微波再生、红外再生、反吹再生等。除反吹再生外,其他几种方法的原理都是通过外加热源将尾气温度提高至颗粒物的燃烧温度,使颗粒物与尾气中的氧气等反应以清除颗粒物,实现再生的目的。

3. 其他颗粒物捕集技术

目前,国内外研究的颗粒机外净化主要有等离子净化、静电分离、溶液清洗、离心分离等。

等离子净化技术是一种新的柴油机排气净化技术,柴油机排气中的有害成分经过等离子反应器,会发生复杂的化学反应。可以对颗粒物中的 SOF 组分进行氧化,此外,还可利用等离子体与 NO 氧化反应生成 NO_2。由于 NO_2 有很强的氧化性,在柴油机排气温度下就可将 PM 氧化成碳的氧化物,从而达到降低 PM 排放量的目的。但是,NO_2 不稳定,在柴油机排气中含量较小,因此,等离子体技术对 PM 的净化作用有限。并且,该技术具有结构复杂、成本较高和能耗较高的缺点,其应用还有待于深入研究和系统优化。

虽然柴油机排气颗粒整体上呈电中性,但是85%左右的颗粒都为带电粒子,每个带电粒子有 $1 \sim 5$ 个基本正电荷或负电荷。柴油机排气颗粒的电阻率在 $106 \sim 108Ω/cm$ 数量级内变化,因此可以在排气通道中建立高压强电场,排气气流流过电场时,带电粒子分别被异性电极吸附,达到捕集的作用。但是,静电捕集技术的设备体积大、结构复杂、成本高,且气流流速对静电捕集效率的影响较大。目前这种方法仍然受到气流速度与车用电源电压的影响,推广缓慢。

溶液清洗技术是让排气通过水或油来清洗微粒的方法。这种方法简单,适合于固定的排气设备。瑞典研究人员曾尝试将车用柴油机的排气管做成文氏管,利用喉管处的负压将水分吸入排气中,稀释和清洗排气中的微粒和 NO_x ,获得了一定的效果。

离心分离技术是将排气引入旋风分离器中,利用微粒的离心力,将微粒从气流中分离出来。由于柴油机微粒很小,直径大多在 $1μm$ 以下,这种技术只能分离微粒的 $5\% \sim 10\%$,效果较差。但是这种方法可与其他方法一起使用。德国 Bosch 公司曾试验静电和离心分离结合的方法。排气中的细小微粒在电场中相互吸引,凝聚成较大的微粒。通过离心分离,分离效率可达到 50%。

(二) NO_x 机外净化技术

在柴油机排气的富氧条件下去除 NO_x 一直是催化化学研究的热点和难点。迄今为止,富氧 NO_x 催化转换技术有吸附催化还原器(LNT)、选择性催化还原法(SCR)、选择性非催化还原(SNCR)和等离子辅助催化还原等。从实用的角度,LNT 和 SCR 更能满足柴油机排气中温度组分等多变的反应环境,故近几年的研究主要集中在 LNT 和 SCR 上。

1. 选择性催化还原法(Selective Catalytic Reduction,SCR)

SCR 是指在催化剂的作用下,利用还原剂(如 NH_3、液氨、尿素)来"有选择性"地与烟气中的 NO_x 反应并生成无毒无污染的 N_2 和 H_2O。

SCR 转化器的催化作用具有很强的选择性:NO_x 的还原反应被加速,还原剂的氧化反应则受到抑制。选择性催化还原系统的还原剂可用各种氨类物质或各种 HC。氨类物质包括氨气(NH_3)、氨水(NH_4OH)和尿素$[CO(NH_2)_2]$;HC 则可通过调整柴油机燃烧控制参数使排气中的 HC 增加,或者向排气中喷入柴油或醇类燃料(甲醇或乙醇)等方法获得。催化剂一般用具有高活性和耐硫性的 $V_2O_5 - TiO_2$,$Ag - Al_2O_3$,以及含有 Cu,Pt,Co 或 Fe 的人造沸石(Zeolite)等。催化剂的作用是降低反应的活化能,使反应温度降低至合适的温度区间($250 \sim 500℃$),从而使 SCR 反应过程可在柴油机正常排气温度下进行。SCR 系统可以去除柴油机排气中绝大部分的 NO_x,同时能降低部分 HC 和 CO 排放。与其他催化方法一样,使用 SCR 降低 NO_x 要求柴油含硫量越低越好。

1) $NH_3 - SCR$ 技术

以 NH_3 作还原剂的 SCR 系统的高效工作温度与车用柴油机排气温度相当,还原效率较高,但必须严格控制 NH_3 和氧的比例,若 NH_3 过量排入大气会造成二次污染。另外,该系统反应适宜的温度较窄。温度太高,NH_3 被氧化;温度太低,催化剂活性降低。同时,NH_3 在存储、运输及使用过程中易泄漏,致使其运输费用较高。以氨水作还原剂的 SCR 系统可以降低柴油机 NO_x 排放 95% 以上,但柴油机需要一套复杂的控制还原剂喷射量的系统。对于柴油机来说,用氨水作为还原剂并不合适,因为氨的气味会使人感到难受。

尿素作为还原剂,不仅克服了以往所用还原剂难于储存、不便于运输的缺点,而且它本身无毒、经济效益高。但是,由于尿素的冰点只有 $-11℃$,所以在温度较低的情况下作业,可能会产生结晶,但可以通过对其采取保温措施来解决。

尿素 – SCR 技术是将尿素与水以适当比例(约含尿素 1/3)混合后喷入排气管中,尿素的水溶液在 $>200℃$ 时经过热解与水解后生成 NH_3,再与柴油机尾气混合,在一定的温度和催化剂条件下,把尾气中的 NO_x 有选择性地还原为 N_2,同时还生成水 H_2O。NO_x 的消除量与尿素的用量成比例。为了达到国Ⅳ标准的规定,尿素的消耗量约占柴油燃料的 6%。尿素是一种无害的物质,通常从天然气中取得,广泛应用于工业和农业领域。

尿素的喷入量必须与 NO_x 的质量浓度相匹配,在保证降低 NO_x 排放量的同时,不能超过一定的剂量。尿素的喷入量过少,达不到应有的处理水平;尿素的喷入量过多,则会使多余的氨气排入大气,导致新的污染。所以,必须要有高灵敏度的 NO_x 质量浓度传感器以及相应的高精度的尿素喷射装置。

2）HC - SCR 技术

HC - SCR 也称稀燃 NO$_x$ 催化器（Lean NO$_x$ Catalysis System，LNC），它与氨类 - SCR 类似，不同的是 HC - SCR 技术是以 HC 作为还原剂的选择性催化还原技术，即 HC 在催化剂的作用下将 NO$_x$ 还原成 N$_2$。HC - SCR 技术中 HC 的来源有两个：一是柴油机尾气中未燃烧完全的 HC，另一个是燃料柴油或醇类，可通过向排气管中直接喷射燃料实现。LNC 的转化效率较低，一般应用于轻型柴油车。按照 HC 的来源，LNC 分被动 LNC 和主动 LNC。对于轿车柴油机来说，从使用的方便性出发，希望可用燃油中的 HC 作为还原剂（即采用被动 LNC），由于柴油机排气中 HC 质量浓度较低，所以此系统转化效率不高，主动 LNC 的转化效率较被动 LNC 系统高。HC 作为还原剂选择性还原 NO$_x$ 的最主要优势在于，实现了尾气中 HC 和 NO$_x$ 的同时消除，避免了 NH$_3$ - SCR 反应体系中因引入还原剂而存在二次污染的风险，它的缺点是对 N$_2$ 的选择性不高，尤其在低温时会产生大量的副产物 NO$_2$。

HC - SCR 技术已应用到了轿车上，结合共轨燃油喷射系统，按照工况不同，后喷适当数量的燃油，并在催化器中利用沸石在较低温度下吸附 HC，在一定温度下释放 HC，让其与 NO$_x$、O$_2$ 发生反应，从而可能最大程度实现降低 HC、NO$_x$ 排放的目的。

2. 吸附催化还原法（Adsorption Reduction Catalysator，ARC；或 NO$_x$ Storage-Reduction Catalysis，NSR）

吸附催化还原法主要是指稀燃 NO$_x$ 捕集器（Lean-Burn NO$_x$ Trap，LNT），LNT 依赖于对发动机周期性稀燃和富燃工作的精确控制，在排气温度 250～500℃时，其对 NO$_x$ 的转化效率可达 70%～90%。相对于机内净化技术，LNT 存在燃油经济性优势。因在一般柴油机中无法实现吸附性催化剂再生所需要的浓混合气状态，所以 NO$_x$ 吸附器最初只用于直喷式汽油机（GDI）和稀燃汽油机，后来才逐渐研究用于柴油机。

1）LNT 的工作原理

（1）稀燃阶段。

当发动机正常运转时处于稀燃阶段，排气处于富氧状态，NO$_x$ 被吸附剂以硝酸盐（MNO$_3$，M 表示碱金属）的形式存储起来。

LNT 的工作效率与排气温度密切相关。因为 NO$_x$ 中的 NO 与 NO$_2$ 之间存在转换，在稀燃条件下，排气温度过高时，NO$_2$ 转化 NO 的速度大于 NO 转化 NO$_2$ 的速度，由于 NO 很难被吸附剂吸附。因此，LNT 不能安装在太靠近发动机处。

（2）富燃阶段。

当吸附达到饱和时，需要再生吸附剂使其能够继续正常工作，即在发动机富燃的条件下，MNO$_3$ 分解释放出 MO 和 NO$_x$。而后，NO$_x$ 再与 CO 和 HC 在贵金属催化剂下被还原为 N$_2$。

实际使用 LNT 时，需要发动机管理系统进行控制，以便及时改变发动机工况而产生富燃条件。其中的时间间隔和富燃时间尤为重要，富燃时间过长使得燃油消耗太多，过短则 NO$_x$ 净化率不高。虽然，富燃条件的建立使发动机燃油消耗增加，但相对于机内净化技术，LNT 还是存在燃油经济性优势的。另外，吸附剂的再生需要一定的温度，这主要取决于所使用的催化剂。

2）LNT 对吸附剂的要求

LNT 要求 NO$_x$ 的储存材料 MO 有较大的吸附容量，且在非还原气氛下有很好的稳定性。

当吸附剂具有较大的吸附容量时,可减少产生富燃的频率,从而降低成本并提高燃油经济性。目前 LNT 的吸附能力限制了其在重型柴油车上的广泛应用,但在轻型柴油车上有很大的应用前景。

3)LNT 面临的主要问题

LNT 应用于柴油机中主要存在两个问题。第一个问题是柴油机不能自动在浓混合气下运行,不能自动构造 LNT 再生时所需的还原氛围。目前,此问题可以通过较高的排气再循环、空气节流、喷油修正以及增加 HC 等策略来解决。第二个问题是 LNT 容易硫中毒。吸附剂对硫有很强的亲和力,因为硫燃烧生成 SO_2 会与吸附催化剂发生类似 NO 的反应而生成 $BaSO_4$。$BaSO_4$ 一旦形成,就特别稳定。这就影响 LNT 吸附 NO_x 的效率。再者,燃烧生成的 SO_2 可与机油燃烧排放物反应生成硫酸盐。这些硫酸盐会覆盖在催化剂的表面,影响催化效果。目前的解决方案为主要是采用脱硫燃料、减少润滑油中的硫或采用双反应室等。

3. NO_x 的选择性非催化还原(Selective Non Catalytic Reduction,SNCR)

选择性非催化还原的原理是在高温排气中加入 NH_3 作为还原剂,与 NO_x 反应后生成 N_2 和 H_2O。在整个反应中,O_2 是不可缺少的,或者说,比起在化学计量比工作的汽油机来说,这种催化反应更适合于富氧工作的柴油机。SNCR 方法的优点是可以省去价格昂贵的催化剂。但由化学动力学计算结果可以看出,净化效果只出现在 1100 ~ 1400K(826.85 ~ 1126.85℃)的温度范围内。其原因是还原反应实际上是在 NH_2 与 NO 之间进行的,而只有在这个温度范围内才能由 NH_3 产生大量 NH_2。温度低时,NH_2 生成量少,而温度过高时,NH_3 则生成了 NO,这就是温度高于 1400K(1126.85℃)时 NO 反而增多的原因。

由于这个温度范围的制约,SNCR 技术虽然在发电厂脱硝中获得了广泛的应用,但在柴油机中应用有困难。考虑到柴油机燃烧膨胀过程的温度范围跨过上述 1100 ~ 1400K 的有效区间,有人曾选择压缩上止点后 60℃A 左右的时刻向柴油机缸内喷射氨水,以获得明显降低 NO_x 的效果,并已在低速大功率船用柴油机上应用。

(三)复合净化技术

柴油机排放的废气中,N_2 约占 75.2%,CO_2 约占 7.1%,O_2 及其他成分约占 16.89%,有害排放物约占 0.81%。有害物中,NO_x 占 35.4%,CO 占 35.3%,HC 占 8.54%,SO_2 及 PM 等占 20.76%。车用柴油机主要有害排放物为 PM 和 NO_x,而 CO 和 HC 排放较低。控制柴油机尾气排放主要是控制 PM 和 NO_x 生成,降低 PM 和 NO_x 的直接排放。PM 主要在扩散燃烧期富油区生成,是高温缺氧产物,其组分为干炭烟(Soot)、可溶有机成分(SOF)、硫酸盐和其他成分。NO_x 是空气中 O_2 和 N_2 在高温燃烧条件下反应生成的,是高温富氧的产物。PM 和 NO_x 之间存在折中效应。因此,在柴油机排放已经很低的情况下,继续减少柴油机 NO_x 和 PM 排放存在很大困难,组合式排气后处理系统的出现成为必然。目前常见的排气后处理技术互相结合的组合方案包括以下技术。

1. SCR + DOC + DPF 组合技术

在柴油机后处理装置中,DPF 是用于减少微粒排放的,而 SCR 用于降低 NO_x 排放,因此在柴油机的后处理装置中,可以同时安装 DPF 和 SCR 两套后处理系统,对 PM 和 NO_x 的排放进行综合控制。系统中的 DOC、DPF 和 SCR 相串联,DOC 在组合式排气后处理系统之前,可以将排气中的 CO,HC 和 PM 氧化成 CO_2 和 H_2O,有效降低 PM,所以可以在机内优化燃烧的情况下只采用 DOC 来达到 PM 排放标准。另外 DOC 可以将部分 NO 氧化为 NO_2,从而提高 NO_x 转化速度。SCR 转化器的前部安装尿素喷射器,用于提供 NO_x 的还原剂。柴油机排气中 PM 被 DPF 捕集,并在催化剂催化下氧化。

2. EGR + DOC + DPF 组合技术

EGR 是目前降低柴油机机内 NO_x 生成的一种有效措施,冷却 EGR 系统是在 EGR 的基础上,对废气冷却后再进入下一循环,使进气充量的温度降低,节流损失降低,新鲜进气充量相应有所增加,过量空气系数增大。另外,混合气温度降低使滞燃期有所增加,同时放热率曲线和放热率峰值相对后移,燃烧最高温度降低。因此,相对于普通 EGR 系统,采用冷却 EGR 有利于降低 NO_x 排放及烟度,对发动机性能有更进一步的提高。

但 EGR 系统在降低 NO_x 的同时将导致过量空气系数下降,并对混合气的形成和燃烧进程产生不利影响,随着 EGR 率的增加,过量空气系数降低,燃油经济性变差,并且发动机能发出的最大有效压力随 EGR 率的增加而有所减小。另外,随着 EGR 率的增加,发动机排气烟度也随之增加。因此,采用该技术路线满足国 V 排放法规的先进柴油机应综合考虑排放、动力性和经济性等因素,选取冷却 EGR 系统的最优 EGR 率,加置排气后处理系统去除产生的 PM。

通过 EGR 与 DPF 的合理集成,可有效除去排气中的 NO_x 和 PM,但是随着排放标准越来越严格,EGR 的缺点也越来越明显:EGR 率随 NO_x 排放限制降低而增高,使燃油消耗率不断增加;随着负荷的增加,EGR 对发动机转矩性能的影响逐渐显现;含硫量过高的燃油不仅降低 EGR 的反应活性,对 PM 排放也有恶化作用。

3. LNT + DOC + DPF 组合技术

LNT + DOC + DPF 组合为一体的后处理复合装置,又称为四元催化转换器,可以同时降低柴油机尾气中的 HC,CO,PM 和 NO_x。其工作原理是:利用喷射器向排气中喷射燃料(主要成分是 HC)作为还原剂,将尾气中的 NO_x 还原成为 N_2,DPF 捕集尾气中的微粒,此外 DOC 不断将 HC、CO 以及颗粒表面的 SOF 氧化,放出热量,一部分用于 DPF 的再生,另一部分通过热交换器传输到稀燃 NO_x 催化转化剂(LNC)上,用于 LNC 上的还原反应。

由于 LNT 捕集 NO_x 的最佳温度区间为 300~400℃(BaCO_3)或者 350~450℃(其他碱金属),所以在轻型柴油车上,DPF 通常被后置,以使 LNT 获得更高的排气温度。然而另有研究表明,由于 LNT 内 HC 的燃烧产生热能,后置的 DPF 事实上获得比 LNT 更高的排气温度,有利于其实现再生。

六、不同阶段的排放控制路线

随着机动车及发动机排放标准升级,机动车和发动机生产企业都面临着技术路线的选择问题。不同的排放标准阶段对应着不同的排放技术路线,只有结合成本控制,综合使用,才能达到好的控制汽车排放的目的。不同排放标准阶段的发动机技术路线见表 3-3。

针对每一个排放标准阶段,除表 3-3 所示的技术配置,在每一次的排放技术提升过程中,还需要对整个发动机(进气系统、供油系统和排气后处理系统)进行不同程度的综合改进和优化。例如:进气系统的优化包括进气道、多气门、涡轮增压技术水平的提升等;供油系统的优化,主要是压力的提升和喷油速率的灵活控制,喷油速率的灵活控制主要靠电控来实现,再配合燃烧室形状的优化。在各系统设计优化的同时,附属零件也应有相应的技术提升。

不同排放标准阶段的发动机技术路线 表3-3

排放标准	主要技术		备注
	汽油机	柴油机	
国零	化油器	机械泵、自然吸气	
国一	化油器或 EFI[①]	机械泵、自然吸气或涡轮增压	
国二	EFI[①]、TWC	机械泵、增压 + 中冷	
国三	EFI[②]、TWC、VTEC	电控供油系统(高压共轨、单体泵、泵喷嘴)、增压中冷	
国四	EFI[②]、EGR、TWC、VTEC	电控供油系统、deNO$_x$ 系统或 EGR + 去颗粒物系统	OBD
国五	GDI、增压器、EGR、TWC、VTEC	电控供油系统、deNO$_x$ 系统或 EGR + DPF	OBD
国六	GDI、增压器、EGR、TWC、VTEC、GPF	电控供油系统、deNO$_x$ 系统 + DPF	OBD

注:EFI[①]:单点电控燃油喷射;TWC:三元催化转换器;VTEC:可变气门 ECU;EFI[②]:多点顺序电控燃油喷射;GDI:汽油缸内直喷;GPF:汽油机颗粒捕集器;deNO$_x$:除氮氧化物;OBD:自诊断系统;DPF:柴油机颗粒捕集器。

第四章 机动车环保检测设备的维护

第一节 汽车底盘测功机日常检查与维护

一、底盘测功机的结构

汽车底盘测功机是在台架上模拟道路行驶工况的方法来检测汽车的动力性、排放指标及油耗。汽车底盘测功系统主要由底盘测功机台架(道路模拟系统)数据采集与控制系统、安全保障系统及引导系统等构成,如图4-1所示。

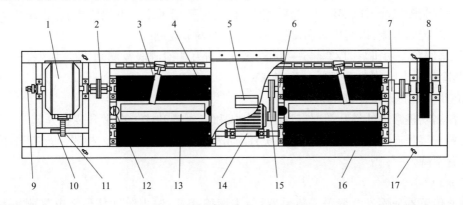

图 4-1 轻型底盘测功机台架结构

1-功率吸收装置(电涡流测功机);2-联轴器;3-手动挡轮;4-滚筒;5-产品铭牌及中间盖板;6-滚筒轴承;7-同步带及同步轮;8-飞轮;9-速度传感器;10-扭力传感器;11-力臂;12-轮胎挡轮;13-气囊举升器;14-万向联轴器;15-反拖电机及传动带;16-框架;17-起重吊环

(1)滚筒直径。

滚筒直径在 216~218mm 之间。

(2)滚筒中心距。

$$A = 320 + D \times \sin 31.5° \tag{4-1}$$

式中:A——滚筒中心距,mm,允许误差 -6.4~12.7mm;

D——滚筒直径,mm。

(3)反拖装置。

轻型排放检测底盘测功机应装有反拖驱动电机和同步带,其功能是驱动所有滚筒转动。在底盘测功机空载和功率吸收装置未加载时,反拖驱动电机至少应具有把滚筒线速度提高到96km/h 以上的能力,并可在该速度下维持3s。底盘测功机通过变频调速控制器实现对旋转速度的控制。反拖驱动电机通常采用 7.5kW 左右的三相电机,用同步带与主滚筒相连,前、后滚筒也用同步带相连,其转速比为1:1。左、右滚筒一般采用联轴器直接相连以保证各滚筒同步。单纯用于动力性检测底盘测功机的反拖电机、变频器及同步带为选装。反拖驱动电机在底盘测功机空载时使用,其作用如下。

①内部损耗功率(寄生功率)测量。电机驱动测功机滚筒到规定的速度后开始滑行,通过滑行时间计算测功机内部各速度点下的阻力及消耗功率。

②测试前的预热。按厂商说明书给出的要求,驱动测功机所有旋转部件旋转,进行测试前的预热。

③动态参数测试。在测量与标定各种动态参数时,需要把底盘测功机滚筒线速度提升到规定速度后才能进行,如基本惯量测试、加载准确性测试等。

(4)基本惯量。

底盘测功机基本惯量是其所有旋转部件所产生的当量惯量,当量惯量是惯量模拟装置模拟汽车行驶中的平动惯量和转动惯量时所相当的总惯性质量。

(5)功率吸收装置。

功率吸收装置用于吸收作用在底盘测功机主滚筒上的受检车辆驱动轮输出功率。底盘测功机通常装配风冷式电涡流机(特殊用途时,也可使用水冷式电涡流机)。由电气控制系统自动调节控制电流,以实现对涡流机吸收转矩的调节控制。

《汽车底盘测功机》(JT/T 445—2008)要求,动力性检测底盘测功机使用风冷式电涡流机时,其冷态最大吸收功率应不小于150kW。

(6)举升装置及滚筒锁定系统。

底盘测功机常用的举升类型有汽缸举升式和气囊举升式。在举升装置升起时,通过与举升装置直接相连接的摩擦带(或摩擦块)制动滚筒,使车辆便于出入检测台,在车辆检验时举升装置下降。

(7)传感器。

测速传感器采用光电编码式传感器,与主滚筒相连,输出脉冲信号经电气测量系统处理,用于测量测功机滚筒表面线速度和检测测试距离。

测力传感器与涡流机外壳上安装的测力臂相连,用于测量滚筒表面传递的力信号,经信号放大后输入电气测量系统。

(8)最大车速。

底盘测功机的最大测试车速应不低于130km/h。

二、底盘测功机的工作原理

底盘测功机是用于模拟加载道路行驶阻力的测试设备。通过测功机模拟汽车在实际行驶时的不同负载及各种运动阻力,以实现对不同工况下的检测。检测时,被测汽车的驱动轮停在举升器上,举升器下降后车轮停在滚筒之间,驱动轮带动滚筒转动,滚筒相当于活动路面,使汽车产生相对位移。利用功率吸收装置(电涡流机)施加模拟各工况的不同负载。检测过程中,驱动轮的转速由安装在滚筒轴上的测速传感器测量,驱动轮的输出力矩由安装在功率吸收装置定子上的测力传感器测量。控制系统按照检测方法的要求,根据测力传感器和测速传感器反馈的信息,调整功率吸收装置控制电流的大小,进而调节和控制所模拟的不同负载。与此同时,由计算机进行功能调度、信号控制与数据采集,从而实现对汽车动力性、排放和油耗等的检测。

1.功率测量

在平坦路面上行驶的汽车,发动机输出的有效功率在克服了汽车底盘传动系统阻力后输出到驱动轮,驱动轮输出功率用以克服路面行驶时的车轮滚动阻力、惯性阻力和空气阻力。测功机利用滚筒代替路面,驱动轮上相应的负载用电涡流机进行模拟。驱动轮轮边线速度 V、驱动轮驱动力 F 与驱动轮输出功率 P 的关系如下:

$$P = \frac{F \times V}{3600} \tag{4-2}$$

式中:P——输出功率,kW;

F——驱动力,N;

V——车速,km/h。

由上式可见,只要同时测出 F 和 V 即可计算得出功率 P。

2.速度测量

汽车车轮驱动滚筒转动时,滚筒轴上的速度传感器将滚筒的转速变换成相应频率的脉冲,根据输出脉冲频率计算汽车的速度:

$$V = 0.377 \times n \times r \tag{4-3}$$

式中:V——车速,km/h;

n——主滚筒转速,r/min;

r——滚筒半径,m。

3.驱动力测量

当汽车车轮驱动滚筒转动时,带动电涡流机转子(感应子)转动,感应子被拖动旋转时产生涡流,该涡流与它产生的磁场相作用,从而产生反向制动力矩,该力矩作用到测力传感器上,使传感器受拉(或压)产生电信号,该信号的大小与车轮驱动力成正比,经调制处理后可测出被测车轮的驱动力。通过控制定子励磁电流大小,可改变电涡流机吸收功率和制动力矩的大小,以实现对汽车不同工况下的测量。

在标定时,假设标定力作用点到主滚筒中心的水平距离为 $L(\mathrm{m})$,滚筒半径为 $r(\mathrm{m})$,则换算到滚筒表面力 $F(\mathrm{N})$:

$$F = \left(\frac{L}{r}\right) \cdot F_\mathrm{b} \tag{4-4}$$

式中:F_b——在标定力作用点加载的标准力值。

三、日常维护

底盘测功机是用于汽车动力性、排放指标和燃料经济性等检测的必备设备,须由专人负责使用和管理,并定期进行检查、维护。

1.底盘测功机使用注意事项

(1)使用前对车辆的要求。

①车辆外部清洗干净。

②轮胎花纹中不得夹有石粒。

③轮胎气压符合标准。

④发动机机油油面应在规定范围内。

⑤发动机机油压力应在规定范围内。

⑥自动变速器(液力变矩器)的液面应在规定范围内。

(2)汽车底盘测功机的使用。

①开机前应按使用说明书的要求,做好安全防护等准备工作,并暖机,对旋转部件充分预热。

②按规定程序操作。

③测试过程中,严禁制动,突然停电时,引车驾驶员应立即松抬加速踏板并挂空挡。

④引车驾驶员必须严格按引导系统提示操作。

2. 定期维护

1)定期检查

(1)日常检查项目。

①检查滚筒启动力矩,判断测功机台架内部阻力有无明显增大现象,检查方法如图 4-2 所示。

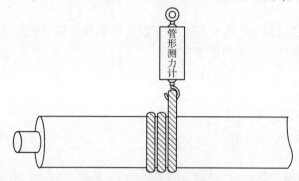

图 4-2　滚筒启动力矩检查方法

②预热完成后进行滑行试验检查,当测功机不能通过滑行试验时还应进行附加损失测试,检查测功机内部摩擦损失功率,最大不超过 2.5kW,方能进行检测否则应由维修人员进行维修检查。

③检查滚筒轴承、是否有发热、损坏现象。

(2)每月检查项目。

①检查各部螺栓紧固情况,特别是地脚螺栓有无松动。

②检查同步带磨损情况,橡胶联轴器有无变形或损坏等。

③对主、副轴承进行检查、润滑,检查台架有无明显振动,发现异响或松动应及时调整或检修。

2)定期润滑

系统各润滑点,如本部轴承等,按使用说明书的要求进行润滑。

3)定期检定和校准

为了保证测量准确,依据《测功装置检定规程》(JJG 653—2003),每年应对底盘测功机进行检定。车速传感器、测力传感器的检定:1 次/年,自校准:1 次/半年。

四、常见故障的处理

(1)轴承有异响或滚筒转动不灵活,轴承损坏或各支承工作不正常,可加注润滑脂或更换轴承。

（2）恒速控制时，车速波动值大于规定值，原因可能是速度传感器与主滚筒转动不同步，应检查速度传感器处的螺钉是否松动。

（3）做预热测试和加载滑行时，滚筒不转，可检查变频器设置是否正确，通信端口有无松动。

（4）滚筒反转可通过改变交流 380V 的任意两相来更正。

（5）举升机无法正常举升，应首先检查串口插头有无松动，空气压缩机是否正常供气，气囊和空气弹簧是否损坏，高压管路是否有污物阻塞。

（6）皮带松动或断裂，应检查支架固定螺钉是否松动。

（7）车辆未上检验台或已上检验台，灯屏已显示或灯屏不显示，表示光电开关故障引起。

第二节　机动车排放气体测试仪日常检查与维护

机动车排放污染物的主要种类有 CO、HC、NO_x 和碳颗粒（黑烟）。这些污染物是目前被检测和治理的对象。汽油车排放污染物的主要是 CO、HC、NO_x，柴油车排放污染物主要是碳颗粒和 NO_x。排放气体测试仪是检测机构对车辆进行定期环保检验时必须具备的检验设备之一。该设备采用不分光红外吸收法测量汽油车排放气体中的 CO、CO_2、HC 的单位体积浓度；用电化学方法测量 O_2、NO 的单位体积浓度，并自动计标过量空气系数；采用不透光烟度测量传感器测量柴油车排放气体中的可见污染物含量。

一、以 CDF－5000 机动车排放气体测试仪为例

CDF－5000 机动车排放气体测试仪由仪器主机、取样管、前置过滤器、取样探头、水分离器、鼠标等组成，如图 4-3 所示。

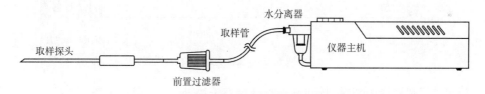

图 4-3　CDF－500 机动车排放气体测试仪

主机背面包括排气口、排水口、信号插座、转速插座、油温插座、电源插座、电源开关、保险盒、冷却风扇、标准气入口、快捷键、外接计标机、打印机接口等，如图 4-4 所示。

图 4-4　主机背面

二、五气分析仪的测量原理

HC、CO、CO_2、NO 为红外光学测量平台测量，O_2 为电化学传感器测量。

1. 光学平台测量原理

Beer-Lambert 定律：当一束平行单色光通过均匀的非散射样品时，样品对光的吸光度与样品的浓度及厚度成正比。如图4-5所示。

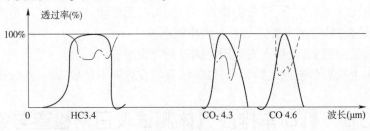

图4-5　测量原理图

2. 不分光红外法（NDIR）

不分光红外法（NDIR）是利用非对称气体分子对红外光有特定的吸收进行测量。如 HC、CO、CO_2 能吸收红外线的特性分别为波长 3.4μm、4.35μm、4.68μm 的红外光，且吸收率与气体浓度成正比，符合 Beer-Lambert 定律，测量其吸收率就可以计算出气体浓度。不分光红外线分析仪内部结构如图4-6所示。

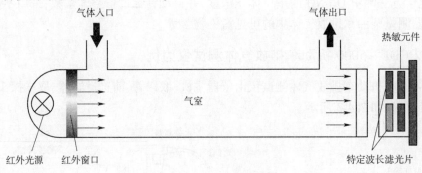

图4-6　不分光红外线分析仪的结构

3. O_2 传感器

（1）O_2 传感器均为电化学传感器。

（2）电化学传感器通过与被测气体发生反应并产生与气体浓度成正比的电信号来工作。

（3）电化学传感器的预期寿命取决于几个因素，包括要检测的气体和传感器的使用环境条件。一般而言，规定的预期寿命为 1～3 年。在实际中，预期寿命主要取决于传感器使用中所暴露的气体总量以及其他环境条件，如温度、压力和湿度。

4. 五气分析仪辅助参数

（1）发动机转速，一般有缸线夹取信号和点烟器取信号两种方式。

（2）负压传感器，用于密封性、低流量检查。

（3）油温传感器。

（4）温度、湿度、大气压力。

(5)过量空气系数(非仪器直接测量所得)。

5. 过量空气计算公式

$$\lambda = \frac{[CO_2] + \dfrac{CO}{2} + [O_2] + \left\{\left(\dfrac{H_{CV}}{4} \times \dfrac{3.5}{3.5 + \dfrac{[CO]}{CO_2} - \dfrac{O_{CV}}{2}}\right) \times ([CO_2] + [CO])\right\}}{\left(1 + \dfrac{H_{CV}}{4} - \dfrac{O_{CV}}{2}\right) \times \{([CO_2]) + [CO] + K_1[HC]\}} \tag{4-5}$$

式中:[ ]——体积分数,以%为单位,仅对 HC 以 10^{-6} 为单位;

K_1——HC 转换因子,当 HC 浓度以 10^{-6} 正己烷(C_6H_{14})当量表示时,该值为 6×10^{-4};

H_{CV}——燃料中氢和碳的原子比,根据不同的燃料可选为:汽油(1.7261),LPG(2.525),NG(4.0),如果计算结果符号精度要求,应根据汽车(发动机)所使用的燃料选定相应常数值(下同);

O_{CV}——燃料中氧和碳的原子比,根据不同的燃料可选为:汽油(0.0176),LPG(0),NG(0)。

6. 五气分析仪的标定

(1)进入校准操作之前须进行调零操作。

(2)标定操作方法每个厂家不同,具体参照说明书。排放气体测试仪图 4-7 所示。

(3)其原理都一样,要求输入标准气标准浓度、将标准气通入分析仪,数值稳定后进行相应操作完成校准。

排放气体测试仪显示屏如图 4-8 所示。

7. 注意

(1)五气分析仪所测 HC 为正己烷当量,而标准气一般采用丙烷(C_3H_8),所以仪器 HC 显示值 = 标准气标准值 C_3H_8 × 该仪器的丙烷—正己烷换算系数(P.E.F)。

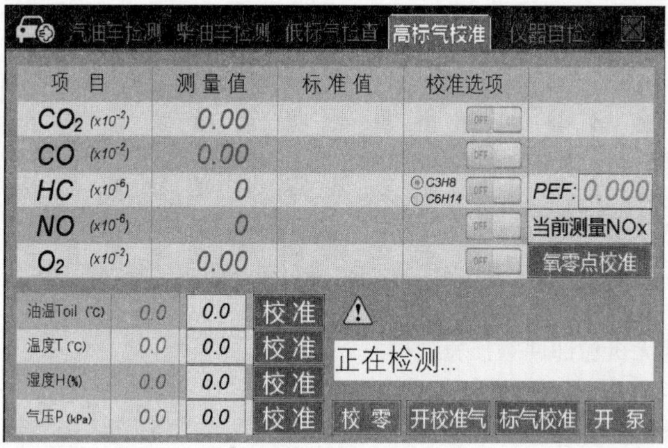

图 4-7 排放气体测试仪

图 4-8 排放气体测试仪显示屏

（2）校准操作时也须注意，有些仪器要求输入换算后的浓度，有些仪器要求直接输入 C_3H_8 浓度。

（3）每台仪器都有各自的丙烷—正己烷换算系数（P. E. F），一般在 0.490～0.540 之间。

（4）注意标准气浓度单位是否与仪器统一，不统一的应该进行换算。

（5）HC、NO 为 10^{-6} vol。

（6）CO、CO_2、O_2 为 10^{-2} vol。

（7）校准或检查时注意标准气的压力与流量，必须在仪器所规定的压力范围内，以免损坏仪器。流量也必须满足仪器所要求的流量范围，保证传感器输出的准确性。校准或检查时所采用的流量、压力必须一致。

8. 标准气浓度

（1）低量程标准气体用于对仪器线性进行检查，如果超出误差范围才需要进行校准操作。

（2）高、低标准气参照如图 4-8 所示浓度进行配置。

零标准气体：

$O_2 = 20.8\%$ ；

$HC < 1 \times 10^{-6}$ THC；

$CO < 1 \times 10^{-6}$ ；

$CO_2 < 2 \times 10^{-6}$ ；

其余为 N_2。

低浓度标准气体：

$C_3H_8 = 50 \times 10^{-6}$ ；

$CO = 0.5\%$ ；

$CO_2 = 12.0\%$ ；

其余为 N_2。

高浓度标准气体：

$C_3H_8 = 200 \times 10^{-6}$ ；

$CO = 2.0\%$ ；

$CO_2 = 16.0\%$ ；

其余为 N_2。

三、排放气体测试仪的日常维护

（1）为确保仪器能够长期稳定工作，需要经常更换过滤器，保证洁净被测气体进入仪器，必须按使用说明书的要求正确操作，备用必备耗材，如前置过滤器、干湿滤芯、取样探头、取样管、传感器等。

（2）仪器内部无机械部件磨损免维护。

（3）日常使用中，防止冷凝水进入仪器，用完探头和取样管应挂起，防止抽吸地面上的粉尘和水，防止踩踏和碾压造成损坏漏气。

（4）下班关机前应保持开泵抽气 10min 以上，充分排除机内废气再关机，防止水汽在仪器内冷凝,影响第二天开机使用。

(5)每日使用前应先打开电源开关,仪器显示预热画面,并有预热进度(快速预热20s,标准预热约为600s),正常预热时间为10min完成。在预热过程中仪器将进行自我诊断和检查。

(6)预热完成后仪器进入测量状态,HC、CO_2、CO、NO_x、REV都显示全零,O_2显示20.85,方可进行检测。如不为零可点击校零,进行零点校准。

(7)检查电化学传感器是否失效,检查反吹气是否正常。

(8)定期进行线性检查(建议每周一次)。

四、排放气体测试仪常见故障的处理

(1)仪器锁止或报警将不能进行检测,出现锁止或报警需及时排除故障,多数情况是仪器内部没有故障,外部的取样气路发生故障,排除方法如下。

①泄漏检查通不过而锁止或报警,检查是否为取样探头、连接管路、各接口、过滤器等处松动或老化造成的泄漏,需逐一排除。

②取样流速低而锁止或报警,滤芯脏或管路积水堵塞造成气路阻力大,流量低,需更换滤芯或反吹管路疏通。

③HC吸附超限制锁止或报警,可手动启动反吹气对管路进行吹洗。若反吹力不够,无法吹尽HC残留量,可调到足够大的压力(一般0.2MPa)即可。

(2)正常检测时,提示无法检测到取样气体的浓度,应检查取样探头插入深度是否达到400mm,气泵是否正常工作,探头处是否有吸力,若无吸力表示气泵漏气,若吸力不足表示滤芯过脏应更换。

(3)仪器显示通信失败,检查端口是否脱出或未插紧有松动现象,若程序出错,系统出错应重新启动一次测试仪和计标机。

(4)高浓度标准气体校准只需按"校准"按钮即可完成,若显示操作失败时则需检查标准值是否输入正确或标准气过期,或仪器长期使用后一些元器件老化量距不准,元器件老化主要是O_2传感器和NO传感器老化,一般一年左右就需更换新件。

(5)排放气体测试仪做气路漏气检查时,在测试状态堵住取样探头,观察仪器是否出现流量不足报警,若仪器报警表示气路不存在泄漏。若仪器不报警则采样气路中有泄漏,需检查各连接处及过滤器是否损坏。

第三节　排气流量分析仪日常检查与维护

一、气体流量计原理及各功能技术要求

1. 原理

利用气体流经阻流体(扰流杆)时,气体产生流动震荡,通过测定其振荡频率(超声波传感器)来反映通过的流量,如图4-9所示。

2. 功能

气体流量计应具有通电指示功能、稀释氧传感器预热阶段指示功能、准备就绪指示功

能、故障指示功能、工作状态测试功能、零流量指示功能等。

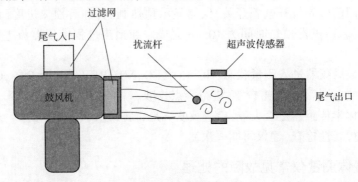

图 4-9　气体流量计原理

3. 气体流量计计算公式

(1)通过稀释废气压力传感器和温度传感器测得的实际稀释体积流量转换成温度为 0℃,大气压力为 101.3kPa 的状态下的稀释体积流量。计算公式为:

$$Q_{sta} = Q_{act} \frac{P}{T} \times \frac{273.2}{101.3} \tag{4-6}$$

式中:Q_{sta}——0℃,101.3kPa 的大气状态下稀释体积流量,L/s;

Q_{act}——实际稀释体积流量,L/s;

P——稀释废气压力传感器读数,kPa;

T——温度传感器读数,K。

(2)测试稀释尾气的氧浓度和试验开始时环境空气的氧浓度,通过与五气分析仪的氧浓度比较用来计算稀释比。其计算公式为:

$$DR = \frac{[O_2]_{amb} - [O_2]_{dil}}{[O_2]_{amb} - [O_2]_{raw}} \tag{4-7}$$

式中:　DR——稀释比;

$[O_2]_{amb}$——环境氧浓度,% vol;

$[O_2]_{dil}$——流量计中氧传感的浓度读数,% vol;

$[O_2]_{raw}$——五气分析仪氧传感的浓度读数,% vol。

(3)流量计系统的尾气实际排放流量,计算公式为:

$$Q_e = Q_{sta}DR \tag{4-8}$$

式中:Q_e——尾气实际排放流量,L/s。

(4)每秒污染物排放质量,计算公式为:

$$m_{CO} = 10[CO]D_{CO}Q_e \tag{4-9}$$

$$m_{HC} = 10^{-3}[HC]D_{HC}Q_e \tag{4-10}$$

$$m_{NO} = 10^{-3}[NO]D_{NO}Q_e \tag{4-11}$$

式中:m_{CO}——CO 的实时排放质量,g/s;

m_{HC}——HC 的实时排放质量,g/s;

m_{NO}——NO 的实时排放质量,g/s;

D_{CO}——标准状态下 CO 的密度,g/cm³;

D_{HC}——标准状态下 HC 的密度,g/cm^3;

D_{NO}——标准状态下 NO 的密度,g/cm^3。

4.气体流量计的标定

(1)稀释氧 $20.8\pm0.5\%$ vol;

(2)温度压力与检测站环境标准温度压力一致;

(3)流量计在无集气管影响下流量应为:118~165L/s;

(4)铭牌上名义流量测试误差为 $\pm10\%$。

汽油车简易瞬态工况污染物排放检测系统,是由以模拟加速惯量和道路行驶阻力的底盘测功机、五气分析仪、气体流量分析仪、计标机控制系统组成。用底盘测功机模拟车辆在道路上行驶工况,用五气分析仪通过采样探头直接获取汽车原始排放气体 CO、HC、CO_2、NO_x、O_2 浓度值,用流量分析仪测量经过风机抽入流量测量管的稀释气体流量、压力、温度、稀释氧浓度,通过测量气体排出原始气体 O_2 浓度和混合稀释气体 O_2 浓度计标稀释前后的稀释比,即可取得尾气的实际流量,利用气体状态方程计算出汽油车尾气中 NO_x、CO、HC 单位时间(里程)内质量(g/km)可以实时分析车辆在道路负荷工况下排放气体污染物的质量。

二、以 ML - 100 型汽车排气流量分析仪为例

1.组成

排气流量分析仪是由气体采集软管、风机、流量测量管、扰流杆、超声波流量传感器、氧化锆传感器、温度传感器、压力传感器、排气管组成,如图 4-10 所示。

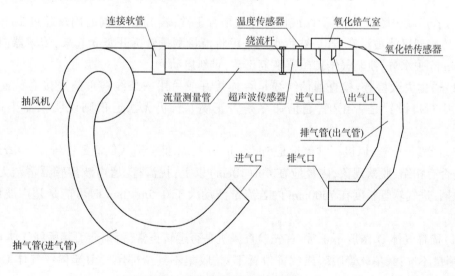

图 4-10　排气流量分析仪的组成

2.作用

(1)气体采集软管是汽车排放出来的尾气和空气混合气进入流量测量管的进气管道。

(2)风机用来抽取尾气和空气混合气(除进入尾气分析仪的气体外)全部进入流量测量管。

（3）流量测量管道内装有扰流杆和超声波、温度、压力、氧化锆传感器。扰流杆使进入的气流产生涡街漩涡，超声波传感器获取流量信号，氧气锆传感器测量尾气和空气混合气氧浓度，温度和压力传感器获取尾气和空气混合气的温度和压力数值。

三、排气流量分析仪日常维护

1. 一般清洗

主要是清洗流量管内腔表面，如果流量管内壁上有积炭则可使流量受限，严重时会阻塞氧气锆 O_2 采样口，影响传感器的测量的准确性，因此需用柔性清洁剂和柔软布擦洗流量管内腔。

2. 扰流杆的维护

扰流杆脏污变形会影响流量的准确性，一般每周应拆洗一次。拆卸后用柔性清洁剂清洗表面残留物或积炭，过多时也可浸泡清除并用软布擦拭干净。同时检查扰流杆有无变形弯曲，其变形量不超过 4mm。

3. 超声波传感器的清洗

超声波传感器靠近扰流杆位置，安装在流量管内腔尾部，暴露在内腔表面，也易形成污染沉积，影响测量的准确性。要保持表面干净可使用柔性清洁剂擦拭或浸泡清洗。

四、常见故障及处理

排气流量分析仪接通电源后启动预热 3min，LED 灯交替闪烁表示流量计准备就绪状态。

（1）若启动失败：检查电源线或插座开关是否正常，若 LED 灯同时闪烁超过 2min，表明氧化锆传感器可能被污染，若是被污水污染可将流量测量管拆开竖立起来，传感器向上，通电 10min 除去水分，使氧气锆传感器恢复正常，重新启动。

（2）通信失败检查：检查通信线缆是否连接好或另用一条线缆重新连接尝试通信；检查主机串行口设置是否正确，通信命令是否正确。若仍无法通信则说明仪器串口硬件损坏。

（3）低流量检查：风机正常流量是 $5m^3/min$ 以上，太低会造成低流量警告，应检查进排气软管是否有扭结、脱落现象，内径应在 4in（10cm）以上；扰流杆、超声波传感器清洁无杂物、碎片阻挡；进气软管长度在 7500mm 内若流量波动大于 $0.5m^3/min$ 时可能是超声波传感器损坏。

（4）稀释气体 O_2 浓度不正常：首先检查风机是否运转正常，否则会引起稀释气体 O_2 浓度偏低，测量不准；采集软管脱落或放置位置不对，收集不到全部尾气引起稀释气体 O_2 偏高，测量不准；汽车熄火无尾气排除，流量管测量到的全部是环境空气。

（5）稀释气体 O_2 浓度调零错误：O_2 浓度标定非常关键，标定质量因素包括流过传感器的气流、大气压力和外部空气纯净度，若标定不正常，应先确保该机在 O_2 浓度调零之前至少运行 1min 以上，使新鲜空气流过氧化锆 O_2 传感器，并检查采样软管有无被阻塞的杂物后调零即可。

第四节 不透光烟度计日常检查与维护

不透光烟度计采用分流式测量原理,使被测气体封闭在一个内表面不反光的容器内,能自动测量压燃式汽车的排气烟度。

一、不透光烟度计原理

不透光烟度计测量原理如图 4-11 所示,一定光通量 φ_0 的入射平行光通过一段特定长度的被烟柱(不反光的通道),用光接收器上所接收到的透射光 φ 的强弱来评定排放可见污染物的程度。

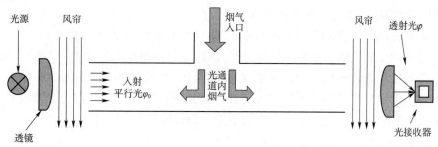

图 4-11 不透光烟度计测量原理

二、不透光烟度计的基本要求

(1)气体光通道有效长度应标注在仪器上,一般为 430mm。

(2)计量显示仪表有两种计量单位:一种是绝对光吸收系数单位 K,从 0 到趋于 ∞(m^{-1}),另一种是不透光度的线性分度单位 N,从 0 到 100%。两种计量单位的量程均应以光全通过时为 0,全遮挡时为满量程。

(3)可见污染物的污染程度由 N(光吸收比)来表示:

$$N = \frac{\varphi_0 - \varphi}{\varphi_0} \times 100\% \tag{4-12}$$

式中:N——光吸收比;

φ_0——入射光通量;

φ——出射光通量。

(4)污染物的浓度和厚度与光吸收比成正比,所以 N 与光通道长度有关。

(5)光吸收系数 K 表示光束被单位长度的排烟衰减的一个系数。

$$K = \frac{-1}{L \cdot \ln(1 - N)} \tag{4-13}$$

式中:K——光吸收系数,m^{-1};

L——光通道有效长度,m;

N——光吸收比。

(6)不透光烟度计的光学特性应为:当烟室内充满光吸收系数接近 $1.7m^{-1}$ 的烟气时,反射和漫射的综合作用应不超过线性分度的一个单位。

（7）使用光源为白炽灯，色温在 800～3250K 范围内或光谱峰值在 550～570nm 的绿色发光二极管。

（8）测量电路的响应时间应在 0.9～1.1s，即插入遮光屏使光电池全被遮住后，显示仪表指针偏转到满量程的 90% 时所需的时间。

（9）烟室中排气压力与大气压力之差应不超过 735Pa。

（10）从烟气开始进入气室到完全充满气室所经历的时间应不超过 0.4s。

（11）测量电路的阻尼应保证输入发生任何瞬变之后，不透光稳定读数值的超调量应不超过 4%。

（12）显示仪表应保证光吸收系数为 $1.7m^{-1}$ 时，其读数精度为 $0.025m^{-1}$。

（13）光电池和显示仪表的电路应是可调的，以便在光束通过充满清洁空气的烟室，或通过具有相同特性的腔室时，可将指针重调至零位。

（14）不透光烟度计应配有温度测量装置，烟气温度示值误差应不超过 ±2℃。

（15）带有发动机机油温度显示功能的烟度计，其机油温度示值误差应不超过 ±2℃。

（16）带有发动机转速显示功能的烟度计，其转速示值误差应不超过 ±50r/min。

（17）连接烟度计的各种管子应尽可能短。管路应从取样点倾斜向上至烟度计，应避免有会使炭烟积聚的急弯。轻型车取样管应小于 1.5m，重型车取样管应小于 3.5m。

三、不透光烟度计的日常维护

（1）仪器的测量单元必须进行定期的维护。维护的周期取决于仪器的使用次数，如果仪器使用频繁，建议每周进行一次维护。

（2）维护按以下步骤进行：

①卸下螺钉，取下盖板。

②小心卸下固定温度传感器的螺钉，将温度传感器轻轻取出。注意：务必不要损坏温度传感器。

③用清洁刷子，从废气出口处小心插入测量室的管内。边清扫烟尘，边向里逐渐伸进，直至另一端出口为止。注意：不要接触和损伤两端的光学透镜和反射的镀膜。

④用干净的软纸擦拭拆下的温度传感器，擦拭干净后将其重新装好，再装上盖板，拧紧螺钉。

⑤用柔软干净的湿布（不要太湿），轻轻擦拭两端的透镜和反射镜。注意：不要损伤透镜和反射镜的镀膜。

⑥用清水和干净的布清洁取样探头、导管的内部和外部。

四、不透光烟度计常见故障及排除方法

（1）接通电源开关后若无任何显示，应检查电源线是否接好，熔断器是否完好。

（2）仪器在使用过程中，若出现"通信错误，请检查！"的提示，应检查测量单元与控制单元之间的测量信号电缆及电源电缆是否接触良好。

（3）若仪器测量数值异常或线性测试异常，应对测量单元进行清洁。

（4）不透光滤光片的线性检查。

①"线性检查"表示检查平台的测量误差是否落在线性度要求范围内。插入不同的标准滤光片(已知不透光度),记录相应的 N 值。绝对误差不超过 ±2% ,说明仪器的测量精度达到要求;若超过 ±2% ,认为是超差。

②"线性检查"失败的原因有：

a.在进行线性检查之前,未先对烟度计进行调零。

b.凸透镜镜面上不清洁,有污垢。

c.滤光片上有灰尘,不清洁。

d.支撑透镜的镀铬卡圈出现松动。

③解决方法如下：

a.在对烟度计进行线性检查之前,先对其进行调零。

b.用擦眼镜的软布清洁光路的凸透镜,保证镜面清洁。

c.用镜头纸轻轻擦拭滤光片上的灰尘,保证其清洁。

d.用手拧紧镀铬卡圈。

④注意事项。

a.滤光片线性检查只做检查,若通过以上解决方法,线性检查未通过,则应通过厂商对其进行硬件维修。

b.在进行线性检查时,不可将测量单元倒置或倾斜,以免造成对检查结果的误差。

c.进行"清零"时,必须保证光路没有黑烟或遮挡物。

d.零位校准(0)、满量程校准(99.9%)。

第五章　机动车环保检验操作技术

第一节　机动车环保检验的工艺流程及技术要求

机动车环保检验流程如图 5-1、图 5-2 所示。

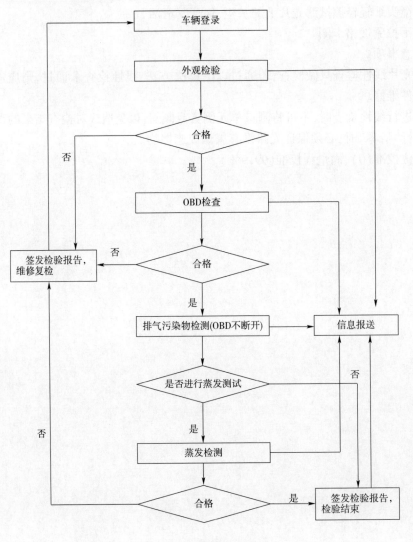

图 5-1　注册登记检验流程图

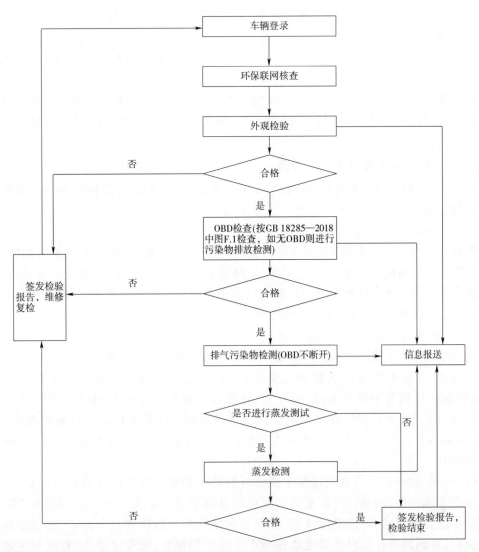

图 5-2　在用车检验流程图

机动车环保检验工作主要是在车辆待检区、外检区、线内测试区、检毕车辆停放区有序进行并完成。

一、机动车待检区

机动车在此区域等待检验。待检区域应布局合理,确保车辆通过顺畅,并设立消防通道、预约检验通道等。场地内安装的安全警示标牌、标识、引导标线应齐全醒目。场地管理指挥人员应采取有效的安全管理措施,实现车辆安全、有序进检。

二、机动车外检区

在外检区,主要由外检人员对送检机动车证照、外观(含对污染控制装置的检查和环保信息随车清单核查)、配置及底盘相关零部件进行检查,以确认送检车辆的唯一性、基本参数信息、检测方法的适应性和相关安全性能等。外观检验完成后同时进行车载诊断系统（OBD）检查。

外检工作和车载诊断系统（OBD）检查一般在外检区完成。外检场所的功能应满足环保检验外检工作的需要。例如在外检区应设置底盘检查地沟，以方便外检人员对机动车的底盘相关零部件特别是排气管、消声器及排气后处理装置等进行检查。若因场地限制难以建设，也应采取有效的弥补措施，保证被检机动车在正式上检测线测试前，能确认其底盘各零部件是否符合要求。

（一）外检工作主要包括如下方面

（1）外检人员使用掌上电脑（PDA）登录送检车辆，并通过环保联网核查送检车辆有无环保违规记录。

（2）车辆唯一性确认。

注册登记检验车辆要实车核查车辆信息、发动机是否与出厂合格证信息公开内容一致。在用车检验对送检机动车号牌号码、类型、品牌型号、车辆识别代号（车架号）、发动机号码、车辆颜色和外形与该车行驶证上记录的信息和车辆照片进行比对核查，以确认送检机动车的唯一性。防止机动车顶替、套牌上线检测。

（3）车辆基本参数信息的确认和录入。

机动车在正式上检测线检测排放时，需对其基本参数信息进行确认和录入。

一方面，车辆基本信息参数录入是否正确，将直接影响后续检测中检测方法的确定，最终影响检测结果的判定；另一方面，环保检验机构应通过对机动车尾气的检测掌握一些统计信息，为环保管理部门制定尾气排放控制的政策方针提供可靠的数据依据。因此，检验人员必须对送检机动车基本参数信息进行确认，并准确地将信息录入环保检验控制系统。

（4）外观检验时，注册登记检验车辆要查验环保随车清单与信息公开内容是否一致。实车检查车辆污染控制装置、发动机与环保信息随车清单是否一致。在用车检验应检查车辆的车况是否正常，发动机排气管、消声器和排气后处理装置有无异常，氧传感器连接是否完好，车辆是否存在明显烧机油或者严重冒黑烟现象；如有异常，应要求车主进行维修。检查车辆是否配置有 OBD 系统。变更登记、转移登记检验时应查验车辆污染控制装置是否完好。

（5）检测方法适宜性的确认。

国家主管部门对检测方法的规定是：自 2019 年 5 月 1 日起，汽油车应采用 GB 18285—2018"附录 D 简易瞬态工况法"进行检测。对无法使用简易瞬态工况法检测的车辆，可采用 GB 18285—2018"附录 A 双怠速法"进行检测。柴油车应采用 GB 3847—2018"附录 B 加载减速法"进行检测。对无法使用加载检速法检测的车辆，可采用 GB 3847—2018"附录 A 自由加速法"进行检测。

部分机动车因自身结构或控制系统原因，不适于简易瞬态工况法和加载减速法进行检测，因此需要通过外检予以确认。

不适于采用简易瞬态工况法和加载减速法进行检测的包括如下车辆。

①全时四驱车辆和部分适时四驱车（若不能解除自动适时四驱控制功能，也不适宜采用

工况法测试)。

②紧密多驱动轴车辆。

③具有自动牵引力控制或其他导致主动制动或牵引力变化的自动控制系统(如牵引力自动控制 ASR/TCS/TRC 等、车身稳定控制 ESC/ESP/DSC 等)的,并且不能人工解除,或者可以解除,但检测完毕后无法及时恢复其本来功能的特殊车辆。

④其他不适宜采用工况法的情形:

a.汽油车总质量大于 3500kg 的,在检测设备新的国家标准未出台之前建议采用双急速法。

b.柴油车最大单轴质量大于 8000kg 或最大总质量超过 14000kg 的车辆,建议采用不透光自由加速法。

c.柴油车为自动挡,采用加载减速工况法检测,在 D 挡条件下加速踏板踩到底,测功机指示车速已超过 100km/h,出于安全考虑,建议申报当地环保主管部门,申请变更采用不透光自由加速法检测。

d.有限速装置并难以解除的车辆,不适宜采用加载减速工况法。

(6)上检测线检测前安全性检查。

为确保机动车在环保检测过程中的安全,在上检测线检测前需对送检车辆进行安全性的检查,对存在安全隐患的车辆禁止上检测线检测。

上检测线前安全性检查主要以人工检视为主,可结合使用一些辅助检测工具、量具(轮胎压力表、花纹深度卡尺、锤子、扳手、钩子等)进行检查,确保被检车辆安全上线测试。

安全性的检查确认主要包括仪表指示、转向、制动、传动、悬架、车身和结构、驱动轮和驱动轴、发动机系统及泄漏检查等内容。

对于不适宜采用工况法检测的机动车,采用双急速法或自由加速法仍需对其相关性能进行检查和确认。进行加载减速法检测的车辆,应确认车辆轮胎表面无夹杂异物。

(7)外检工位应注意的其他问题。

①部分车主出于各种目的对原有车辆进行改装或加装,影响尾气排放检测的准确性,应要求车主恢复车辆至出厂状态后方能进行测试。例如改装进排气系统,临时加装非本车排气净化装置,车辆基准质量变化超出该车型在简易瞬态工况法判定标准范围,换装与出厂规格型号不一致的轮胎造成车辆行驶阻力过大等情况。

②部分车辆在上检测线检测前加入非市售燃油或添加剂,甚至外挂油箱等,应要求车主加入市售燃油,取消外挂油箱。

③除因存在明显烧机油或者严重冒黑烟等而导致外检不合格的车辆外,其他非否决项不合格而导致外检不通过的车辆,可中止检测,待修复调整后即可继续进检。

(二)车载诊断系统(OBD)检查

在完成车辆外观检验后应进行 OBD 系统检查,车辆 OBD 系统检验合格后再进行排放检测。排放检测时 OBD 诊断仪不断开。

注册登记检验时,检查车辆是否按规定要求设置了 OBD 接口,OBD 通信是否正常,有无故障代码。

在用汽车 OBD 系统检查流程如图 5-3 所示。

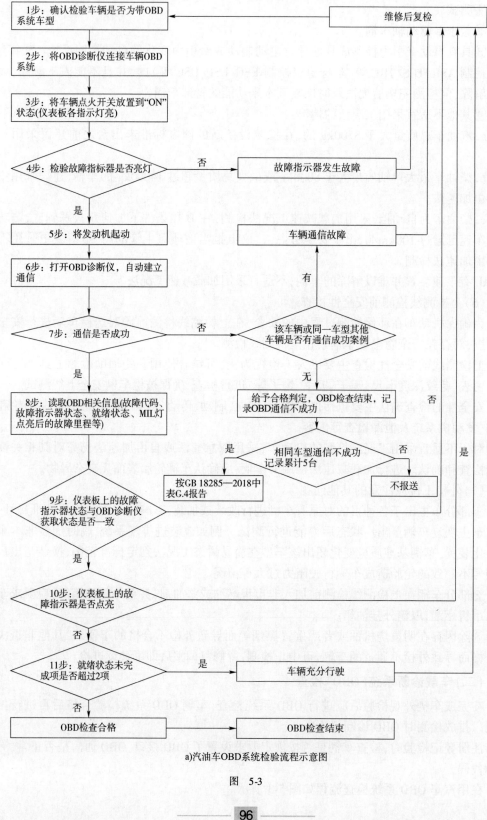

a)汽油车OBD系统检验流程示意图

图 5-3

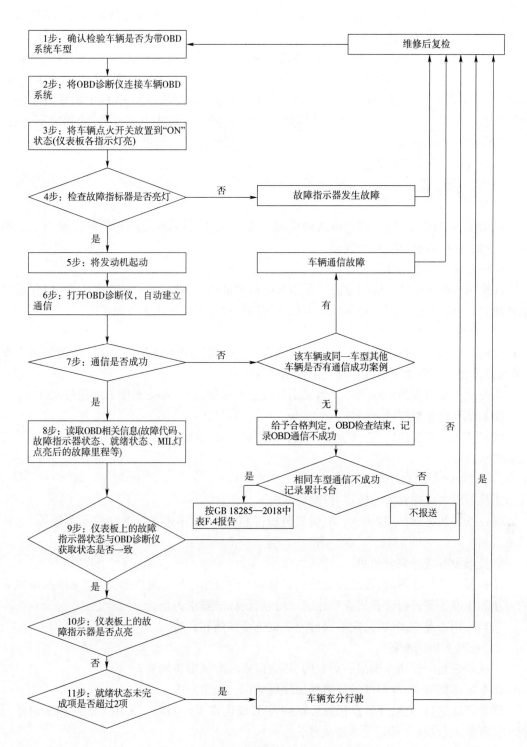

b)柴油车OBD系统检验流程示意图

图5-3 在用汽车 OBD 系统检验流程示意图

在进行车辆 OBD 系统检查之前应确认该车型是否为装有 OBD 系统的车型,车型确认之后,将 OBD 诊断仪连接到车辆上进行检查。

OBD 检查包括故障指示器状态、诊断仪实际读取的故障指示器状态、故障代码、MIL 灯点亮后行驶里程和诊断就绪状态值。若车辆存在故障指示器故障(含电路故障)、故障指示器被激活、车辆与 OBD 诊断仪的通信故障、仪表板故障指示器状态与 ECU 中记载的故障指示器状态不一致、车辆污染控制装置被移除而 OBD 故障指示灯未点亮报警,均判定不合格。如果就绪状态项未完成项超过 2 项,应要求车主在充分行驶后再进行复检。检验机构不得人为篡改被检车辆 OBD 数据。

三、机动车测试工位

机动车在测试工位应按照已确认的检测方法,严格按照标准完成环检的主要测试。测试工位的主要内容有以下几个方面。

1. 检验前的准备工作

在按照标准已确认的检测方法对在用车进行测试前,应做好充分的准备工作,以保证测试环境状态、检测仪器设备、被测机动车状态等均应符合测试技术条件要求。

(1)检测环境状态要求。

检测环境状态参数应符合有关技术标准要求。一般情况下应在如下范围进行测试工作(若仪器设备有特殊要求的按厂家使用说明书规定)。

①测试环境温度为 $-5 \sim 45$℃(当采用加载检测法测试时,环境温度不能超过 42℃)。

②测试环境相对湿度 <90%。

③在高寒或高温地区,若环境条件达不到测试要求,建议采用空调措施来保证测试环境达到要求。

(2)仪器设备的检查要求。

①仪器设备应在有效的检定/校准周期内。

②仪器各相关部件(探头、管路、排气分析仪和滤清器、不透光计取样单元透镜等)应保持清洁。

③仪器设备进行充分预热。

④在每天开机检测前,仪器应完成自检和自校等工作,若发现数据异常,应按标准规定的方法和标准物质进行设备核查和标定,直到满足标准要求为止。

⑤当采用工况法测试时,应对底盘测功机进行预热和自检。

(3)被测车辆的准备。

①试验燃料应使用车辆出厂规定的、符合国家标准的市售燃料。

②车辆各润滑油、冷却液等规格和加注量应符合规定要求。

③车辆应进行预热,使发动机油温达到 80℃或正常工作温度。采用工况法测试时还应对车辆底盘进行预热(特别是寒冷地区)。

④车辆应空载并解除附加动力装置,车辆轴荷不能超过设备承载负荷。

⑤轮胎规格、气压、花纹及磨损程度应符合规定,并清理轮胎夹石。

⑥工况法测试非全时四驱车应选择后轮驱动方式。

⑦具有自动牵引力控制或主动制动的车辆,采用工况法测试时,应解除其自动功能。

⑧采用加载减速法测试,车辆的最大功率不能超过底盘测功机的最大吸收功率。

⑨混合动力电动汽车应切换到最大燃料消耗模式进行测试,如无最大燃料消耗模式,则应切换到混合动力模式进行测试,若测试过程中发动机自动熄火自动切换到纯电模式,无须终止测试,可进行至测试结束。

⑩检查中,如果发现受检车辆的车况太差,不适合进行工况法检测,应对车辆维修后才能进行检测。

2.测试过程的安全防护工作

(1)人员安全保障。

①禁止非工作人员进入测试场所。

②操作人员应佩戴安全帽、防毒面罩和手套等劳保用品。

③检测现场应设置有效的安全隔离及安全警示标识,安全区与测试车辆保持足够的安全距离。

④操作员与引车员之间使用对讲机及其他有效的方式进行信息互通。

⑤除紧急情况外,引车员所有操作必须是在得到车下操作人员的明确指令或电子屏的提示后,方可进行。

(2)安全防护措施。

①采用工况法检验时,当举升器下降后,应安置驱动轮安全限位挡轮和非驱动轮限位锲块(重型车还需要安置安全拉绳,前驱后轮驻车的车辆应驻车制动)。

②在安置好各限位装置后,车辆应低速试运转,完成后应再次检查各限位装置。

③操作人员在安置安全防护装置时,应从前向后进行;解除防护装置时,应从后向前进行。

(3)被测车辆保护。

①应为受检车辆配备冷却风扇,掀开大型机动车的发动机舱盖板,保证冷却空气流通顺畅,以防止发动机过热。

②当采用加载减速法测试时,应避免被检车辆长时间处于高负荷状态,高负荷测试时间一般不应超过2min,最长不能超过3min。

(4)仪器设备保护。

①测试仪器应在允许工作环境下使用,并有防潮、防振和防电磁干扰等措施。

②取样探头或取样单元应妥善放置,保持清洁,不得随地丢放。

③取样管不得有泄漏现象,并保持清洁、畅通,禁止折叠。

④长时间测功时,应对电涡流测功机进行强制散热冷却。

⑤测试设备应设置应急开关,异常情况下启用应急开关断电卸载。

(5)消防安全措施。

①检测现场应配备相应的灭火设施(干粉灭火器和消防沙等),并保证取用方便、标识明确。

②保证消防通道畅通无阻。

3.环境保护工作

应采取有效措施确保检测现场通风良好,避免废气滞留;同时检测现场应有废气收集装置,对测试过程中产生的废气进行收集并集中净化后排放。

四、机动车检毕区

完成检验后的车辆,应停放在检毕区域内。检毕区域应与待检区域进行隔离,但应留有人员通道供车主往来。检毕区域应合理布局,确保车辆通过顺畅,具有足够的回转空间,同时,场地安全警示及引道标识齐全明确。

第二节　检测程序、检测操作要点、注意事项和排放限值

一、双怠速法

1. 检测程序

(1)应保证被检测车辆处于制造厂规定的正常状态,发动机进气系统应装有空气滤清器,排气系统应装有排气消声器和排气后处理装置,并不得有泄漏。

(2)应在发动机上安装转速计、机油测温计等测量仪器。进行排放测量时,发动机冷却液或润滑油温度应不低于80℃,或者达到汽车使用说明书规定的热状态。

(3)发动机从怠速状态加速至70%额定转速或企业规定的暖机转速,运转30s后降至高怠速状态。将双怠速法排放测试仪取样探头插入排气管中,深度不少于400mm,并固定在排气管上。维持15s后,由具有平均值计算功能的双怠速法排放测试仪读取30s内的平均值,该值即为高怠速污染物测量结果,同时计算过量空气系数(λ)的数值。

(4)发动机从高怠速降至怠速状态15s后,由具有平均值计算功能的双怠速法排放测试仪读取30s内的平均值,该值即为怠速污染物测量结果。

双怠速法检测流程参见图5-4。

(5)在测试过程中,如果任何时刻CO与CO_2的浓度之和小于6.0%,或者发动机熄火,应终止测试,排放测量结果无效,需重新进行测试,混合动力车辆除外。

(6)对双排气车辆,应取各排气管测量结果的算术平均值作为测量结果,也可以采用Y型取样管的对称双探头同时取样。

(7)若车辆排气系统设计导致的车辆排气管长度小于测量深度时,应使用排气延长管。

2. 操作要点

(1)被检车辆应使用符合规定的市售燃料预热车辆,测量时,发动机冷却液和润滑油温度应达到车辆使用说明书所规定的热状态。

(2)检查被检车辆进、排气系统是否符合检测条件要求:进气系统应装有空气滤清器,排气系统应装有排气消声器。进、排气系统不得有泄漏。

(3)预热检测仪器、设备并进行自检,确定其达到检测条件。

(4)在被检车辆上安置检测仪器的转速、油温等传感器,并检查传感器工作状态。

(5)取样软管和取样探头连接,取样探头应能插入机动车辆排气尾管中至少400mm,并有插深定位装置。检查取样软管和探头内HC残留的体积分数不得大于20×10^{-6}。检查仪器的取样系统不得有泄漏,无水冷凝现象。

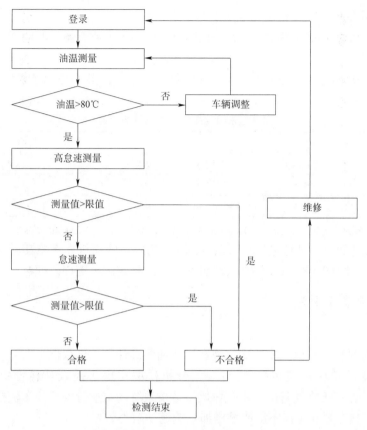

图 5-4 双怠速法检测流程

（6）按汽车制造厂使用说明书规定的调整法，调至规定的怠速。

（7）检测过程中，发动机在各转速控制点应运转平稳，转速应控制在：轻型汽车的高怠速转速为 2500±200r/min，重型汽车的高怠速转速为 1800±200r/min；如不实用的，按照制造厂技术文件中规定的高怠速转速。对个别具有发动机空转转速保护控制功能，在高怠速转速控制点不能按程序规定持续稳定运转 30s 的车辆，例如路虎、宝马等车企的部分车型，可申请当地环保主管部门根据实际情况实施方法变更或免检。

（8）探头应在开始测量前插入排气管内，结束后尽快取出，以减少其在排气管内的停留时间。探头插入深度应不小于 400mm。

3. 注意事项

（1）应定期检查、更换氧传感器。其有效工作时间应根据检测量和使用时间来确定。

（2）应定期检查和更换滤芯、颗粒过滤器。

（3）检测时导管不要发生弯折现象。

（4）不要在有油或有有机溶剂的地方进行检测，要注意检测地点室内的通风换气，以防人员中毒。

（5）检测结束后，抽出取样探头，不得将取样探头放在地面上。待仪表回零后再检测下一台车。

（6）关闭仪器电源前，应使气泵运转 2min 以上，以排除残留气体达到清洁的目的。

（7）取样探头不用时要吊挂，以防止污染受损。

（8）排气分析仪不要放置在湿度大、温度变化大、振动大或有倾斜的地方。

4. 排放限值

在用汽车采用双怠速法进行环保定期检测时，其排气污染物检测结果应小于表 5-1 中的排放限值。

双怠速法检验排气污染物排放限值　　　　　表 5-1

类　别	怠速		高怠速	
	CO(%)	HC①(×10⁻⁶)	CO(%)	HC①(×10⁻⁶)
限值 a	0.6	80	0.3	50
限值 b	0.4	40	0.3	30

注：①对以天然气为燃料点燃式发动机汽车，该项目为推荐性要求。

排放检验的同时，应进行过量空气系数（λ）的测定。发动机在高怠速转速工况时，λ 应在 1.00 ± 0.05 之间（$0.95 < \lambda < 1.05$），或者在制造厂规定的范围内。

二、简易瞬态工况法

1. 检测程序

（1）根据需要在发动机上安装冷却液和润滑油测温计等测试仪器。

（2）车辆驱动轮应停在转鼓上，将五气分析仪取样探头插入排气管中，插入深度为 400mm 以上，并固定于排气管上。将气体质量分析系统的锥形管安装到车辆排气管上，并按要求固定，注意其布置和走向不应明显增加系统流动阻力。

（3）按照简易瞬态工况法（VMAS）测试试验运行循环开始进行试验，如图 5-5 所示。

①起动发动机。

按照制造厂使用说明书的规定，起动汽车发动机。发动机保持怠速运转 40s，在 40s 结束时开始排放测试循环，并同时开始排气取样。

②怠速。

对于手动或半自动变速器，在怠速期间，离合器接合，变速器置于空挡。

为了能够按循环正常进行加速，在循环的每个怠速后期，加速开始前 5s，驾驶员应松开离合器，变速器置于 1 挡。

对于自动变速器，在测试开始时，放好挡位选择器后，在整个测试期间的任何时候都不得再次操作挡位选择器。但若加速过程不能在规定时间内完成，可以操作挡位选择器，必要时操作使用超速挡。

③加速。

在整个加速工况期间，应尽可能地使车辆加速度保持恒定。若未能在规定时间内完成加速过程，超出的时间应从工况改变的复合公差允许的时间中扣除，否则应从下一个等速工况的时间内扣除。对于手动变速器，如果不能在规定时间内完成加速过程，应按手动变速器的要求，操作挡位选择器进行换挡。

④减速。

在所有减速工况时间内，应使加速踏板完全松开，离合器接合，当车速降至 10km/h 左右

102

时,松开离合器,但不得进行换挡操作。如果减速时间比相应工况规定的时间长,允许使用车辆的制动器,以便使循环按照规定的时间进行。如果减速时间比相应工况规定的时间短,则应在下一个等速或急速工况时间中恢复至理论循环规定的时间。

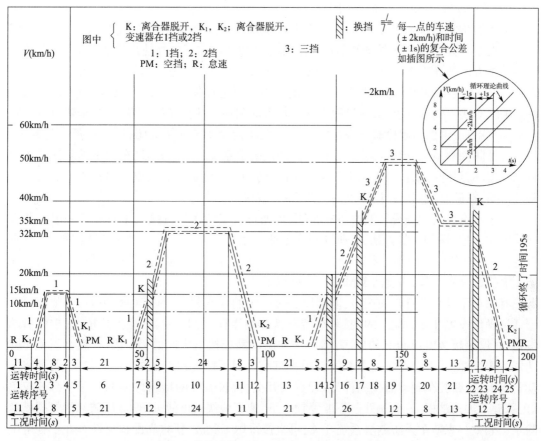

图 5-5　简易瞬态工况法(VMAS)测试试验运行循环

⑤等速。

从加速过渡到下一等速工况时,应避免猛踩加速踏板或关闭节气门操作。应采用保持加速踏板位置不变的方法实现等速驾驶。

⑥结束。

循环终了时(车辆停止在转鼓上),变速器置于空挡,离合器接合,同时排气分析系统停止取样。

2. 操作要点

(1)在每天开机时或滑行测试前,测功机均应预热。测功机如果停用 30min 以上,应在下次使用前再次预热。

(2)每天应进行一次滑行测试检查,滑行试验合格后方可进行简易瞬态工况的排放检测。

(3)在每次开始试验前 2min 内,应完成泄漏检查、自动调零、环境空气测定和 HC 残留量的检查。

（4）外检时，应注意车辆运转状况是否良好，有无影响安全或引起试验偏差的隐患，进、排气系统是否有泄漏，TWC是否有新更换嫌疑，氧传感器接线是否脱落、排气管内是否有水或其他异物堵塞等。

（5）车辆防侧滑控制系统的关闭。

车辆的防侧滑控制系统也叫作车身稳定控制系统（如ASR/TCS/TRC、ESC/ESP/DSC等），主要功能是通过传感器将各车轮的附着力、转向状态、横向加速度等收集并处理，校正车辆行驶方向和控制速度，以保障车辆的行驶安全。工况法环保检测需要关闭车辆防侧滑系统，对于确实无法解除防侧滑系统的车辆可申请当地环保主管部门变更检验方法。如果没有关闭车辆防侧滑系统，操作过程中强行加大踩踏加速踏板操作，容易引起车辆机械故障或损坏电脑板，需要引起检验员高度重视。一般防侧滑系统如果关闭，指示灯都会亮起来。如果打开防侧滑系统，指示灯就会熄灭。关闭防侧滑系统的方法很多，车型不同防侧滑系统解除方法不尽相同，或者同车型生产年份不同，防侧滑系统解除方法也不尽相同。针对关闭防侧滑系统问题，现列举一些车型的关闭方法，仅供大家参考。

对于具有关闭防侧滑开关按钮的车辆，可通过一定的操作直接人工解除。一般开关按钮设置在中控台附近（如奔驰、奥迪等部分车型），也有极少数设置在副驾驶储物箱内（如别克老款）。10款以后的别克君威、君越、英朗车，解除防侧滑系统时，要踩住制动踏板，按住防侧滑按键一直不放，出现防侧滑灯亮就可以了。

有的车型没有设置开关按钮，但可以通过一定的操作程序予以解除，例如，奔驰部分车型通过操作设置在转向盘上的按键，在转向盘左侧会有上、下、左、右箭头的按钮，按向右的按钮，在仪表板会出现ESP的界面，然后踩住制动踏板按下中间的OK按钮，就会看到ESP功能关闭字样，同时会有防侧滑关闭的报警灯亮。对无防侧滑开关的朗逸、宝来车，可将发动机熄火，拉紧驻车制动器操纵杆，打开点火开关，待仪表板的指示灯都熄灭后再打开应急灯，踩五下加速踏板（注意每踩一下要停顿一下，速度太快就可能关不了）后防侧滑灯亮就解除了。老款福克斯车无防侧滑系统开关，可直接采用工况法，新款高配福克斯车在中控电脑的设置中可解除：操作转向盘左侧方向按钮→设置→辅助驾驶→牵引力控制→按OK键去掉牵引力控制左框中的"√"，防侧滑解除。凯美瑞2.4L排量车防侧滑解除方法：发动机熄火，踩下驻车制动踏板，起动发动机，踩两下行车制动踏板，注意踩住不要松开，再踩两下驻车制动踏板，然后再踩两下行车制动踏板，防侧滑系统就关闭了。

对自动挡油电混合动力车防侧滑系统解除采用PNP方法：即将变速器处于P挡，拉好驻车制动，打开点火开关，踩两下加速踏板，然后将挡位置入空挡N挡，再踩两下加速踏板，再将挡位置入停车挡P挡，再踩两下加速踏板，然后踩住制动踏板起动发动机就可以了。四驱自动挡油电混合动力车按照上述步骤踩四下加速踏板就可以了。以上只列举了部分车型的解除方法，由于车型多，结构复杂，防侧滑系统解除方法也多，只有在工作实践中不断地总结、发现、积累才会不断丰富经验。

（6）准确录入车辆信息及参数，特别是质量参数，因为该参数决定了测功机的加载功率和模拟惯量。

（7）检测时应关闭空调、暖风等附属装备，注意冷却液温度、油温状况。操控车速应尽量使用加速踏板，对于手动挡车辆应避免使离合器处于半联动状态。应避免紧急制动，采取减速措施时应动作轻柔。在怠速工况时,不要踩下加速踏板提高怠速转速。

(8)应充分利用允许的速度公差和允许的超差时间,控制好加速。怠速运转平稳且不能过低,起步、换挡应迅速、轻柔,加速不粗暴,尽量避免急加速,匀速运动尽量保持转速在速度公差下限,减速运动掌控好加速踏板和制动踏板的配合,力求速度轨迹线光滑顺畅。

(9)检测开始前,应该先摆正车辆并限位,再插取样管和流量管;检测结束后,应该先取取样管和流量管,再解除车辆限位。

(10)如果测试期间发动机熄火,需重新开始测试。如果连续出现3次或3次以上熄火,将不得继续进行排放测试,待车辆检查维修正常后方可重新进行排放测试(混合动力汽车除外)。

3. 注意事项

(1)应定期检查、更换氧传感器。其有效工作时间应根据检测量和使用时间来确定。应定期检查和更换滤纸、颗粒过滤器。

(2)应检查$[CO] + [CO_2] < 6\%$是否会终止检测,防止检测作弊。

(3)注意车辆加载功率是否与被录入的基准质量相一致。特别是基准质量大于1.7t的非轿车,时速50km/h时的轮边功率应乘以1.3。

(4)不得随意更改取样软管的长度和内径。当取样软管插入深度不够时,应添加加长管或特殊取样探头,以保证取样准确。

(5)应保持流量计的排气通畅,预防因流量计背压过大导致检测数据的不准确。流量管应完全包围排气管,不使排气管排出的废气泄漏。

(6)检测过程中应注意观察车辆温度,气温超过22℃时应对老龄车辆或车况较差的车辆进行吹风冷却,同时还要注意对测功机进行冷却。

(7)湿胎在进行工况测试前,应对驱动轮胎进行干燥处理。

(8)检测结束后,应减速滑行,切勿紧急制动,预防车辆弹出,损坏测功机同步带。

(9)检测结束后,抽出取样探头,不得将取样探头放在地面上。待仪表回零后再检测下一辆车。

(10)关闭仪器电源前,应使气泵运转2min以上,以排除残留气体达到清洁的目的。

(11)取样探头不用时要吊挂,以防止污染受损。

4. 排放限值

在用汽车采用简易瞬态工况法进行环保定期检测时,其排气污染物排放检验结果应小于表5-2中的排放限值。

简易瞬态工况法排气污染物排放限值　　　　　　　　　　　表5-2

类　　别	CO(g/km)	HC*(g/km)	NO$_x$(g/km)
限值a	8.0	1.6	1.3
限值b	5.0	1.0	0.7

注:*对于装用以天然气为燃料点燃式发动机汽车,该项目为推荐性要求。
　　应同时进行过量空气系数(λ)的测定。

三、自由加速法

1. 检测程序

(1)正式进行排放测量前,应采用三次自由加速过程或其他等效方法吹拂排气系统,即在发动机怠速下,迅速但不猛烈地踩下加速踏板,使喷油泵供给最大油量。在发动机达到调速器允许的最大转速前,保持此位置。一旦达到最大转速,立即松开加速踏板,使发动机恢复至怠速。往复进行三次,以清扫排气系统中的残留污染物。

(2)安装取样探头,将取样探头固定于排气管内,插深至少400mm,并使其中心线与排气管轴线平行。如不能保证此插入深度,应使用延长管。自由加速(不透光烟度法)检验流程参见图5-6。

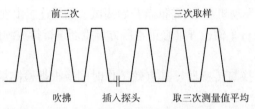

图5-6　在用汽车自由加速检验(不透光烟度法)流程

2.操作要点

(1)自由加速测量时,必须在1s时间内,将加速踏板连续地完全踩到底,使供油系统在最短时间内达到最大供油量。

(2)发动机包括装有废气涡轮增压的发动机,在每个自由加速循环的起点均处于怠速状态。对重型车用发动机,将加速踏板松开后至少等待10s。

(3)对每一个自由加速测量,在松开加速踏板前,发动机应达到额定转速。对带自动变速器的车辆,则应达到制造厂申明的转速(如果没有该数据,则应达到断油转速的2/3)。关于这一点,在测量过程中必须进行检查,例如,通过监测发动机转速,或延长加速踏板踩到底后与松开加速踏板前的间隔时间,对于重型汽车,该间隔时间应至少为2s。

(4)计算结果取最后三次自由加速烟度最大值的算术平均值。

3.注意事项

(1)可以采用至少三次自由加速过程或等效办法,以清除排气系统中的积存物。吹拂后不应长时间怠速,以免燃烧室温度降低或积污。

(2)取样探头插入时应避免与排气管壁刮擦,防止管壁内积存物刮入探头内,探头尾端应设置翼翅,使探头不与管壁接触。

(3)检验员应严格按照显示屏指令操作,并确保踩加速踏板的位置和时间符合规定要求。应注意采样与排烟的同步,且在最大排烟时抽取气样进行检测。同时,检验员在按规范操作过程中还要注意观察相邻次数的测量数据,如果测量数据相差太大,则测量需要继续进行下去,直到后三次的测量数据基本接近为止。

(4)检测时应进行驻车制动。

(5)清洗用压缩空气应保持清洁,可在气路上设置滤清器。

(6)测量单元不应放置在废气扩散的方向上。连接不透光烟度计的各种管路也应尽可能短。管路应从取样点倾斜向上至不透光烟度计。

4.自由加速法排放限值

在用汽车采用自由加速法进行环保定期检测时,其排放污染物检测结果应小于表5-3的排放限值。

自由加速法、加载减速法、林格曼黑度法排气污染物排放限值 表 5-3

类 别	自由加速法	加载减速法		林格曼黑度法
	光吸收系统(m^{-1})或不透光度(%)	光吸收系统(m^{-1})或不透光度(%)[①]	氮氧化物[②]($\times 10^{-6}$)	林格曼黑度(级)
限值 a	1.2(40)	1.2(40)	1500	1
限值 b	0.7(26)	0.7(26)	900	

注：①海拔高度高于 1500m 的地区加载减速法限值可以按照每增加 1000m 增加 $0.25m^{-1}$ 幅度调整，总调整不得超过 $0.75m^{-1}$；

②2020 年 7 月 1 日前限值 b 过渡限值为 1200×10^{-6}。

四、加载减速工况法

1. 检测程序

采用加载减速法进行排放检验，需要进行预检(外检)、待检和检测三个环节。

1) 预检(外检)

(1) 车辆唯一性检查，核实受检车辆和车辆行驶证是否相符。

(2) 安全检查，评估车辆是否适合进行加载减速测试。如果下列检查出现缺陷，均不能进行检测，需经维修合格后才能进行检测。

①仪表检查。

②制动效能检查。

③车身和车辆结构检查。

④发动机系统检查。

⑤变速器系统检查。

⑥驱动轴和轮胎系统检查。

(3) 中断车上所有主动型制动功能和转矩控制功能(自动缓速器除外)，例如中断防抱死制动系统(ABS)、电子稳定程序(ESP)等。对实际上无法中断车上所有主动型制动功能和转矩控制功能的车辆，可申请变更，采用自由加速法进行检测。

(4) 关闭车上所有以发动机为动力的附加设备，或切断其动力传递机构，空载检测。

2) 检测系统检查

(1) 检查检测系统，判断底盘测功机是否能够满足待检车辆的功率要求，同时检查检测系统的工作状态是否正常。

(2) 车辆驶入、就位。

①举起测功机升降板，并将转鼓牢固锁好。

②将车辆驾驶到底盘测功机上，并将驱动轮置于转鼓中央位置。

③放下测功机升降板，松开转鼓制动器。待完全放下升降板后，缓慢驾车使受检车辆的车轮与试验转鼓完全吻合。

④轻踩制动踏板使车轮停止转动，发动机熄火。

⑤将受检车辆的非驱动轮楔住，固定车辆安全限位装置。对前轮驱动的车辆，应有防侧滑措施。

⑥应为受检车辆配备辅助冷却风扇,应掀开机动车的发动机舱盖板,保证冷却空气流通顺畅,以防止发动机过热。

(3)检测准备。

①安装好发动机转速传感器,并检查其工作是否正常。

②检查用于通信的系统是否能够正常工作。

③如果发动机冷却液温度低于正常温度,应进行发动机预热操作。这时需要将测功机切换到手动控制模式,检测驾驶员应在小负荷下预热发动机,直到冷却液的温度达到制造厂规定的正常温度范围为止。

④变速器置于空挡,踩加速踏板,逐渐增大节气门直到开度达到最大,并保持在最大开度状态,记录这时发动机的空挡最大转速,然后松开加速踏板,使发动机回到怠速状态。

⑤驾驶员选择合适的挡位,使用前进挡并将加速踏板置于全开位置,选择最高稳定车速尽可能接近 70km/h 的挡位。如果两个挡位的接近程度相同,检测时应选用低速挡。对于自动变速的车辆,使用 D 挡进行测量,不要在超速挡下进行测量。

⑥选挡结束后将发动机熄火,变速器置于空挡,检查不透光烟度计的零刻度和满刻度。

检查完毕后,将采样探头插入受检车辆的排气管中,注意连接好不透光烟度计,采样探头的插入深度不得低于 400mm。不应使用太大尺寸的采样探头,以免对受检车辆的排气背压影响过大,影响输出功率。在检测过程中,必须将采样气体的温度和压力控制在规定的范围内。必要时,可对采样管进行适当冷却,但要注意不能使测量室内出现冷凝现象。

3)检测

(1)起动发动机,使用前进挡驱动被检车辆,将变速杆置入已选好的合适挡位,使节气门处于全开位置,在发动机转速稳定后,检测员按下检测开始键开始测量。检测系统自动进行轮边功率扫描后开始排放检测。

(2)排放检测系统会在 VelMaxHP 点和 80% VelMaxHP 点进行检测排气光吸收系数 k 及 80% VelMaxHP 点的 NO_x 排放。

(3)检测过程结束后,检测员松开加速踏板,将变速器置于空挡,使发动机怠速,但是不允许使用车辆制动装置,控制系统自动控制转鼓停止转动。

4)控制系统流程

检测开始后控制系统的控制流程如下。

(1)控制程序将此时的发动机转速设定为最大发动机转速(MaxRPM)。并根据输入的发动机额定转速,计算最大功率下的转鼓线速度(VelMaxHP):

$$VelMaxHP = 当前转鼓线速度 × 发动机额定转速/MaxRPM \qquad (5-1)$$

(2)根据下式确定所需最小轮边功率:

$$所需最小轮边功率 = 发动机标定功率 ×(100\% - 功率损失百分比) \qquad (5-2)$$

如果没有特殊要求,功率损失百分比的默认值为 60%。

在测功机加载之前,通过输入的发动机额定转速和发动机额定功率确定转鼓表面的最大力和测功机的吸收功率。在进行污染物检测前,确认转鼓和测功机是否可以接受该力和功率。如果最大力或功率超过了测功机的检测能力,将终止测试程序并输出下列信息:"检测暂停:要求的吸收功率/力超过了测功机的检测能力"。

（3）如果通过了上述检测,检测控制系统将自动控制测功机开始加载减速过程。

①首先从记录的 MaxRPM 转速开始进行功率扫描,以获得实际峰值功率下的发动机转速。

②在速度控制模式下,当转鼓速度大于计算的 VelMaxHP 时,速度变化率不得超过 $\pm 0.5km/h$;如果转鼓速度低于计算的 VelMaxHP 时,速度变化率不得超过 $\pm 1.0km/h$。在任何时候,转鼓的速度变化率都不得超过 $\pm 2.0km/h$,通常对每个速度变化段都允许有 1s 的稳定时间,并记录相关的数据。

③在每一个速度变化段的最后时刻,记录发动机转速、转鼓线速度、转鼓表面制动力(用于计算吸收功率)和光吸收系数 k、NO_x 和 CO_2 数值,并显示吸收功率随时间变化的真实轨迹和光吸收系数 k、NO_x、CO_2 与发动机转速的关系曲线,将这些数据储存在数据区中,以便能够重现上述曲线。

④如果采用动态扫描的方法进行发动机的功率曲线扫描,必须在发动机转速处于 MaxRPM 时开始扫描。并且需要指定平均扫描速率,平均扫描速率通常应小于 $2.0km/h$。

在功率扫描,特别是排放测试过程中,如果排气中 CO_2 的实测浓度低于 2.0%,检测程序应中止,混合动力电动汽车除外,并提示"检测停止:排放数值异常,请检查取样管"。

当进行功率扫描时,检测系统显示吸收功率和排气污染物测量值随发动机转速变化的实时关系曲线。同时还需要在功率随发动机转速变化的实时曲线上确定最大轮边功率,并将扫描得到的最大轮边功率时的转鼓线速度记为真实的 VelMaxHP。

⑤在获得真实的 VelMaxHP 之后,应当继续进行功率扫描,直到转鼓线速度比实际的 VelMaxHP 低 20% 为止。

⑥在结束了功率扫描并确定了真实的 VelMaxHP 后,控制系统应立即改变测功机负载,并控制转鼓速度回到真实的 VelMaxHP 值,以进行加载减速检测。系统按照同样的次序完成对以下两个速度段的检测:真实的 VelMaxHP 和 80% 的 VelMaxHP,在两个检测工况的过渡过程中,转鼓速度变化率每秒最大不超过 2km/h。

⑦将在上述两个检测速度段的测量得到的光吸收系数 k、发动机转速、转鼓线速度和 VelMaxHP 点轮边功率以及 80% VelMaxHP 点测量得到的 NO_x 数据作为检测结果。在每个检测点,读数之前转鼓速度应至少稳定 3s,光吸收系数 k 和 NO_x、发动机转速和轮边功率数据则需在转鼓速度稳定后读取 9s 内的算术平均值。

⑧在采样期间,转鼓速度需稳定在目标值 $\pm 0.5\%$ 的范围内。

⑨加载检测过程结束后,控制系统应及时提示检测员松开加速踏板并换到空挡,但是不允许使用车辆制动装置。测功机的传感器感应到制动力的衰减超过了 50%,控制系统就会将测功机控制器转换到速度控制模式,并以每秒 5km/h 的变化率使转鼓停止转动。

2. 操作要点

（1）必须进行预检,预检不合格,严禁上检测线检测。预检中车辆安全检查项目如图 5-7 所示。

（2）在整个检测过程中,加速踏板的操作应迅速、但不粗暴。检测开始后,无异常情况下不能松动加速踏板。

（3）选择挡位时,检测员应按照屏幕提示起步、加速、进行选挡操作。应从低挡开始,将加速踏板踩到底并维持至车速不再变化,观察此时车速,增加一个挡位,将加速踏板踩到底并维持至车速不再变化,观察此时车速并与前一个挡位的最高稳定车速进行比较,判断是否更加接近70km/h。选取最高稳定车速最接近70km/h的挡位为测试挡位,如果相邻两个挡位的接近程度相同,检测时应选用低速挡。上述操作可凭经验选取开始挡位,但至少应重复两个挡位操作,且两个挡位的最高车速分布于70km/h上下。对于自动变速的车辆,使用D挡进行测量,不要在超速挡下进行测量。

图5-7 预检中车辆安全检查项目

3. 注意事项

(1)在检测过程中,检测人员应密切关注车辆温度、机油压力及异响,发现任何异常情况时应迅速松开加速踏板降低车速,终止检测。

(2)检测前应中断车上所有主动型制动功能和转矩控制功能(自动缓速器除外),例如中断防抱死制动系统(ABS)、电子稳定程序(ESP)等;关闭车上所有以发动机为动力的附加设备,或切断其动力传递机构。

(3)检测时车辆为空载,汽车列车应去除挂车。

(4)对非全时四轮驱动车辆,应选择后轮驱动方式。

(5)检测安全装置安装齐全,在台架上严禁倒车、严禁紧急制动。

(6)应注意对车辆和测功机进行吹拂降温。

4. 柴油汽车加载减速法排放限值

柴油车加载减速法排放限值参见表5-3。

五、林格曼黑度法

林格曼黑度法是把标准林格曼黑度图放在适当的位置上,将柴油车排气的烟度与标准林格曼黑度图上的黑度相比较,确定柴油车排气烟羽的黑度。

1. 检验步骤

1)观测位置和条件

应在白天进行观测,观测人员与柴油车排气口的距离应足以保证对排气情况清晰地观察。林格曼烟气黑度图安置在固定支架上,图片面向观测人员,尽可能使图片位于观测人员至排气口端部的连线上,并使图与排气有相似的背景。图距观测人员应有足够的距离,以使图上的线条看起来融合在一起,从而使每个方块有均匀的黑度。

观测人员的视线应尽量与排气烟羽飘动的方向垂直。观察排气烟羽的仰视角不应太大,一般情况下不宜大于45°,尽量避免在过于陡峭的角度下观察。

观察排气烟羽温度力求在比较均匀的光照下进行。如果在太阳光照射下观察,应尽量使照射光线与视线成直角,光线不应来自观测人员的前方或后方,雨雪天、雾天及风速大于4.5m/s时不应进行观察。

2)观测方法

观察排气烟羽的部位应选择在排气黑度最大的地方。观察时,观测人员连续观测排气黑度,将排气的黑度与林格曼烟气黑度图进行比较,记下排气的林格曼级数最大值作为林格曼烟度值。如排气温度处于两个林格曼级之间,可估计一个0.5或0.25林格曼级数。

观察排气宜在比较均匀的照明下进行,如在阴天的情况下观察,由于背景较暗,在读数时应根据经验取稍偏低的级数(减去0.25级或0.5级)。

3)记录

观测人员连续观测排气烟度,将排气的黑度与林格曼烟气黑度图进行比较,记下观测过程中排气的林格曼级数最大值作为林格曼黑度值。

采用林格曼黑度测试仪观测排气烟度时,记录林格曼黑度测试仪的最大读数作为林格曼黑度值。

2. 质量保证和质量控制

应使用符合规范要求的林格曼烟气黑度图,并注意保持图面的整洁。在使用过程中,林格曼烟气黑度图如果被污损或褪色,应及时更换新的图片。

观测前,先平整地将林格曼烟气黑度图固定在支架或平板上,支架材料要求坚固轻便,支架或平板的颜色应柔和自然,不应对观察造成干扰。使用时,图面上不要加任何覆盖层,以免影响图面的清晰。

凭视觉所鉴定的排气黑度是反射光的作用。所观测到的排气黑度读数,不仅取决于排气本身的黑度,同时还与风速、排气管的大小结构(出口断面的直径和形状)及观测时光线和角度有关。在现场观测时,应充分注意这些因素。

林格曼0级的白色图片可以提供一个有关照明的指标,用于发现图上的任何遮阴、照明不均匀。它还可以帮助发现图上的污点。

在观测过程中,要认真做好观测记录,按要求填写记录表,计算观测结果。

3. 排放限值

如果车辆排放检测烟度值超过林格曼 1 级,则判定排放检验不合格。

第三节　检测报告管理

在用机动车尾气排放定期检测站检验检测数据、结果仅证明所检验检测机动车排气污染物的符合性情况。

一、报告的完整性审查

在用机动车尾气排放定期检测站应准确、清晰、明确、客观地出具检验检测结果,并符合检验检测方法的规定。结果通常应以检验检测报告或证书的形式发出。检验检测报告或证书应包括的信息如下。

(1)标题。

(2)标注资质认定标志,加盖检验检测专用章(适用时)。

(3)检验检测机构的名称和地址,检验检测的地点(如果与检验检测机构的地址不同)。

(4)检验检测报告或证书的唯一性标识(如系列号)和每一页上的标识,以确保能够识别该页是属于检验检测报告或证书的一部分,以及表明检验检测报告或证书结束的清晰标识。

(5)客户的名称和地址(适用时)。

(6)对所使用检验检测方法的识别。

(7)检验检测样品的状态描述和标识。

(8)对检验检测结果的有效性和应用有重大影响时,注明样品的接收日期和进行检验检测的日期,以及特定检验检测条件的信息,如环境条件。

(9)对检验检测结果的有效性或应用有影响时,提供检验检测机构或其他机构所用的抽样计划和程序的说明。

(10)检验检测报告或证书的批准人。

(11)检验检测结果的测量单位(适用时)。

二、报告有效性、合法性的审查

(1)检验机构从事的检验项目是否在资质认定的检验检测项目范围,机构是否具备开展机动车环保检验工作的资质,且是否在有效期内。

(2)作出检验报告的程序是否符合法律、法规、规章及技术规范程序要求的规程,质量审查是否符合检验报告三级审核流程,系主检(一审)、审核(二审)、批准(三审)的三级审核。

(3)检测人员(设备操作员、驾驶操作员)、审核人员、授权签字人等是否具备从事机动车环保检验的资格。

(4)开展环保检验工作所用的仪器设备,是否经过法定检定机构的检定或校准,是否在有效期内,校准的仪器设备是否经过确认。

(5)开展检验工作的管理性依据(法律、法规、规章等)是否恰当有效,技术性依据(技术标准、技术规范等)是否正确有效,审查检验报告所依据的其他材料是否充分可靠。

三、报告符合性的审查

1. 检验方法的符合性审查

当审查检验报告时,应确认被测车辆所使用的检测方法符合有关规定。

2. 仪器设备符合性审查

审查测试所用的仪器设备是否符合相关要求,主要包括如下：

(1)仪器设备是否符合标准测试方法的要求。

(2)仪器设备的精度、量程等技术特性是否符合有关计量标准要求。

(3)仪器设备的使用条件和使用环境是否符合相关要求。

3. 人员的符合性审查

主要审查检验人员、审查人员、授权签字人等是否在其被授权的领域内开展工作。

4. 检测数据结果的审查

(1)审查检测数据的采集、传输、处理及储存是否符合相关要求。

(2)审查检测原始记录与检验报告的一致性。

(3)审查检测数据的评判是否符合检测限值标准的规定。

(4)审查检验结论是否符合有关规定要求。

四、异常数据结果的处理

当审查检测报告时,若发现检测数据异常或检测结果明显不合理,应立即停止其他车辆检测工作,分析产生数据异常的原因,对产生异常数据的样车进行复测,有必要时应对仪器设备进行核查(用标准气体或标准滤光片标定)或进行人员间的比对试验,直至找出偏离的原因,并进行纠正和验证,若需要还应采取预防措施。

五、不合格检验报告的处理

对于检验不合格的机动车,应根据检测出的数据结果向车主给出维修的建议。一般情况下：

(1)一氧化碳(CO)排放过高主要是混合气浓时,由于空气量不足引起可燃混合气的不完全燃烧。表明燃油供给过多、空气供给过少、燃油供给系统和空气供给系统有故障,如空气滤清器不洁净、混合气不洁净、活塞环胶结阻塞、燃油供应太多、空气太少、点火提前角过大(点火太早)和曲轴箱通风系统受阻、氧传感器失效、后处理装置失效等。

(2)碳氢化合物(HC)排放过高,HC 是燃料没有完全燃烧或没有燃烧的产物。混合气过稀:汽缸压力不足、发动机温度过低、混合气由燃烧室向曲轴箱泄漏、燃油管泄漏、燃油压力调节器损坏。混合气过浓:油箱中油气蒸发、燃油回油管堵塞、燃油压力调节器损坏。点火正时不准确、点火间歇性不跳火温度传感器不良、喷油器漏油或堵塞、油压过高或过低等因素都将导致 HC 读数过高。

(3)氮氧化合物(NO$_x$)排放过高,可能性最大的原因是 ECR 阀工作不好造成的,或者是汽缸里面有炽热点造成爆燃现象。当燃烧室内产生爆燃时,汽缸温度大幅提高,这可能导致

过多的 NO_x 排放。而汽缸的爆燃可能是由于点火提前角过大、燃烧室中的积炭和点火控制系统故障造成的。冷却液温度过高也会促成爆燃。

(4)柴油车排放烟度超标,主要是发动机汽缸内的混合气不能充分燃烧,会造成尾气排放超标,其原因主要是汽缸压缩压力降低和供油系统故障。可从汽缸磨损度、喷油器和高压油泵、供油时间变化、气门间隙、空气滤清器、进排气管路、后处理装置等方面进行检查。

第四节　机动车环保检验作业指导书的编写

《检验检测机构资质认定能力评价 检验检测机构通用要求》(RB/T 214—2017)4.5.1规定:检验检测机构应建立、实施和保持与其活动范围相适应的管理体系,应将其政策、制度、计划、程序和指导书制定成文件。机动检验检测机构(以下简称"车检机构")应将管理体系、组织结构、程序、过程、资源等过程要素文件化。管理体系文件一般分为四类:质量手册、程序文件、作业指导书、质量体系记录,通常文件化管理体系的结构用金字塔结构来形象比喻,可分成三层次或四层次。车检机构管理体系形成文件后,应以适当的方式传达有关人员,使其能够"获取、理解、执行"管理体系。4.5.14 方法的选择、验证和确认规定:"必要时,检验检机构应制定作业指导书。""必要时"包括:如标准、规范、方法不能被操作人员直接使用,或其内容不便于理解,规定不够简明或缺少足够的信息,或方法中有可选择的步骤,会在方法运用时造成因人而异,可能影响检验检数据和结果正确性时,则应制定作业指导书,含附加细则或补充文件。

一、作业指导书基础知识

1.含义

作业指导书(Working Instruction)是指为保证检验检测活动过程的服务质量而制定的程序。"过程"含具体的检验检测流程(如:检验前、检验中、检验后等过程)。车检机构作业指导书(以下简称指导书)是描述车检流程的质量管理体系文件,为具体的检验检测内容,其内容为程序文件的具体补充,即机动车环保检验所具备的基本条件、适用的标准、检验项目或参数、操作过程、数据处理和注意事项等一系列具体可操作的技术文件。使车检工作有章可循,使检验过程的控制规范化,处于受控状态,以确保车检工作质量。

2.作用

作业指导书是指导保证过程质量的最基础的文件和为开展检验检测技术性质量活动提供指导,也是质量体系程序文件的支持性文件,作用包括:工作流程清晰明了,减少由于操作人员差异,减少质量事故,便于工作的持续改进,方便整改培训及质量管控。

3.分类

检验检测机构编写的作业指导书大致分为以下类型。

(1)质量管理类:为保证检验检测机构体系文件、报告及证书等编制的格式、框架、术语一致性和唯一性,应考虑制定规范的作业指导书,如内部文件(质量手册、程序文件、作业指导书和结果报告及证书等)编制管控等。

(2)仪器设备类:含设备操作规范等,对于贵重、大型或操作复杂的仪器设备可制定"操作规程";对于国家没有检定规程或校准规范,但又应控制性能指标的仪器设备可制定"校准及验证方法"。用于设备及标准物质的使用、维护、期间核查、内部校准等。

(3)试验样品类:包含样品的存储、制备、处置和处理流程可制定相应的作业指导书。用于指导实验室检测样品的存储、制备、处置等。

(4)安全及法规类:在《检测和校准检验检测机构能力认可准则》(ISO/IEC 17025: 2017)中"要求检验检测机构策划并采取措施应对风险和机遇。应对风险和机遇是提升管理体系有效性、取得改进效果,以及预防负面影响的基础"。任何一个检验检测机构都存在着风险和机遇,应遵守法规,做好安全生产,保障员工的健康和安全。因此,特别注意有毒有害、易燃易爆物品(含样品)等应制定接受、保管、领用、处置等细则(指导书)。用于约束检测实验室的行为规范,做好安全生产,保障员工的健康和安全。

(5)行政管理类:包括职业道德、公正性、人员安全、与客户关系、管理制度,以及其他需要确保实验室工作人员行为适当的有关问题。用于规范从业人员职业道德。

(6)数据方面:包含检验检测数据的有效位数、修约、异常值的剔除以及测量不确定度的表征规范等。保证实验数据的准确可靠,即可溯源性。

不是所有设备都编制作业指导书,如常用的钢卷尺、钢直尺等操作,属于车检人员"应知应会"范围。在车检机构典型三方面的作业指导书包括以下方面。

一是检验检测方法方面:机动车安检、环检、综检"三检合一"的检验检测项目,如机动车安全技术检验作业指导书、机动车排气污染物检验作业指导书、机动车综合性能检验作业指导书等。此外,还需特别说明,作业指导书的编写应以申请检验检测机构资质认定的"检测标准"或"检测方法标准"为依据。例如:《汽油车污染物排放限值及测量方法(双怠速法及简易工况法)》(GB 18285—2018)、《柴油车污染物排放限值及测量方法(自由加速法及加载减速法)》(GB 3847—2018)等标准中的测量方法,可以直接转化为作业指导书。

二是设备系统标准物质方面:设备的期间核查作业指导书、标准物质期间核查作业指导书(如滤光片、标准气体等期间核查作业指导书)。

三是客户服务质量方面:包括送检车辆的检验检测条件、停放、检验、检测、交接、告知事项等检验办理服务流程和申诉投诉、预约回访等。

4.作业指导书的内容

作业指导书是车检机构从事检测检验活动的技术指导文件,包括检测检验方法的操作规程、期间核查方法等技术作业文件。常用的作业指导书通常应包含以下内容。

(1)检测对象:检验检测车辆唯一性识别代码,出厂产品名称、发/电动机号、车架号、检测项目名称编号。

(2)质量特性值:按产品质量要求转化的技术要求,规定检验的项目。

(3)检验方法:评价标准,数据采集及计算、处理方法,规定检测的基准(或基面)、程序和方法,计算(换算)方法,检测频次有关规定和限值要求。

(4)检测手段:检测使用的计量器具、仪器、仪表及设备名称型号。

(5)检验判定:判定数据处理、方法及准则。

(6)记录格式:报告规定记录的事项、方法和表格;规定报告的内容与方式、程序与时间。

5.作业指导书所具备的因素

根据作业指导书应该编写出正确操作方法。

（1）环境因素:根据环境管理体系中对环境因素的排查是按岗位进行,环境因素的填写可直接取自标准中的相关环境因素排查结果及控制措施。

（2）安卫因素:根据职业健康与安全管理体系特点要求,对安卫因素的排查是按岗位进行,安卫因素的填写可直接取自标准中的相关岗位安卫因素排查结果及控制措施。

（3）质量因素:编写的作业指导书涉及的要点,需要进行注明,应包括相应的标准、目的等内容。

（4）工具因素:应写明进行操作需要的所有工具,包括维护设备的标准物质、调节工具、测量工具、辅助工具等。

6. 作业指导书特点

好的指导书应兼顾效果和效率,具备以下特点。

（1）具体清晰:明确规定相关的人、事、时、方法与表格,即清楚地规定哪个部门的哪个人员在什么时候做哪些工作,如何做,以及填写哪些表格,形成什么记录。

（2）使用简易:可以使新手很快了解,并让职务代理人能够迅速地代理工作。

（3）实际可行:简单扼要,容易遵循,可操作性强,不前后矛盾。

（4）达成共识:所有的规定均来自使用者的共识。

（5）可操作性,由使用部门自己编写。

（6）合理性:吸纳了广大员工的意见。

（7）一致性:统一认识,达成共识,全员参与,方便操作培训。

二、作业指导书的编写

1. 编写的基本要求

（1）指导书应尽可能简单、实用。首先,写应该写的;其次,尽可能写得易懂;第三,不定义术语;最后,要尽可能方便使用者。

（2）写该写的指导书。作业指导书过多或过少都是不正常的,但其数量并没有明确的规定,而应建立在需要基础上:①为什么要编制? ②如何执行任务? ③文件的培训能覆盖什么范围? 对以上三个问题的明确回答可以决定是否需要这个作业指导书。编制作业指导书的要点,仅供参考,环保检验作业指导书内容较多,可分成以下作业指导书来编写。如:汽油车(含双怠速法及简易工况法)环保检验作业指导书,柴油车(含自由加速法及加载减速法)环保检验作业指导书。

（3）易于修改。为满足顾客和社会的需要,过程需要不断地改进,因而有必要发挥员工在持续质量改进中的作用,而难于修改的作业指导书不利于员工积极性和创造性的发挥。

（4）应注意已有的各种文件有机地结合。检验机构不应把旧规程、规范、工作标准等放在一边,仅简单地填加了质量体系要求,而没有把作业指导书和组织机构已有的文件结合起来编写。

2. 编写 5W1H 原则

5W1H 原则包括以下内容。

Where:指明使用的仪器、设备及所在位置,在哪里使用此作业指导书。

Who:表明程序的执行人及所涉及的其他人员,什么样的人使用该作业指导书。

What:需要执行的任务,此项作业的名称及内容是什么。

Why:解释进行此步骤和任务的原因,此项作业的目的是干什么。

When:逻辑性、步骤的先后顺序,说明某一具体步骤需要的具体时间,要进行下一步所需满足的特定条件,什么时候使用该作业指导书。

How:如何按步骤完成作业,执行此任务所需要的详细步骤。

通过明确、具体、系统回答这些问题,并将这些问题的"答案"制订成文件,形成作业指导书。

3.作业指导书的格式

作业指导书的样式虽无明确统一要求或范本,但应包含封面、修改页、刊头、正文内容和刊尾等部分。每个单独的指导书由正文题目、正文内容和文尾等部分组成,每部分的格式有具体要求,以保证作业指导书的标准化、内容的规范化。

1)封面封皮要求

包括文件名称、单位(即车检机构名称,也可含标志)、文件编号、发放编号、持有人、版次(可含修订次数)、使用岗位、受控状态、编写人员、审核人、批准人、发布日期、实施日期等。指导书应有具体标题名称,注明描述活动的名称。

2)修改页要求

包括序号、修改号(文件编号和章节条号)、修改内容、审批人等。

3)刊头要求

在每页文件的上部加刊头,便于文件控制和管理。刊头包括如下信息:车检机构名称(标志)、指导书名称、文件编号、版次、页码、颁布日期、实施日期等,该部分均可采用标准表格等形式,便于项目查阅和浏览。

4)正文要求

(1)编写的目的和范围。

首先应明确作业指导书应用的领域和不适用的作业范畴,并简略描述编写目的和实施目标,即编写作业指导书的原因,并达到什么样的目标。

(2)编写的依据。

编写依据可参照"既定检验项目名称"所涉及的法律法规、检验检测标准及规范等。

(3)内容要求。

内容要求可有不同表达形式,包含文字和图表等,但作业指导书整篇格式应统一。格式应包含题目(字体、字号)、章节条目(字体、字号)、表格(表序、表题)、插图(图序、图题)、正文(字体、字号、行间距)等统一标准格式要求。

5)刊尾要求

需要时采用。文件末页底部加刊说明文件起草、会签及审批情况。刊尾包括:指导书的编制人、会签人及日期、批准人、批准日期、作业指导书内容解释人员等。

6)版面要求

版面大小可横向、纵向。通常用A4、A3纸彩色打印塑封等。一般采用A4版面,便于打印和装订。确保图文清晰,文字大小以检验人员易于阅读。

4.编写步骤

作业指导书编写任务应由具体部门承担。参编人员应熟悉机构实际情况,掌握检验检测标准方法,具有审核及编制记录检测报告单经历。编写作业指导书应首先编制检验检测流程图。当作业指导书涉及其他过程时,要认真处理好接触点。编制步骤内容如下:

①目的;②依据;③适用范围;④作业前的准备工作;⑤操作方案;⑥技术要求及环境措施;⑦人员组织要求;⑧安全质量保证措施;⑨环境保护措施。

三、作业指导书管理

1. 作业指导书的编制管理

作业指导书应该基于标准,而比标准更详细,易于操作。编制草案通过评审、修改、报批、审批过程,通过严格流程管控,得到保证,在科学性、可操作性、完整性和协调性等方面显著改善,有利于指导书的权威性、可行性。

2. 作业指导书的批准

作业指导书编写完成后,应按管理体系规定的程序批准后方可执行,应由部门负责人批准。未经批准的作业指导书不能生效。

3. 作业指导书的分发与更改管理

经审批后的作业指导书,当由负责文件实施的管理者批准,并由被授权的人员发放到使用者手中,确保能够得到适用文件的正确版本。使用者应注意妥善保管并适时使用。

4. 作业指导书的归档及保存

作业指导书同其他质量管理体系文件一样,检验检测机构应进行归档保存(包括修订更改的版本),并建立完整的、全部的检验检测机构作业指导书目录。作业指导书一般不外借检验检测机构以外的人员和单位,因特殊原因需要外借,按有关程序规定办理。

5. 作业指导书的使用

作业指导书是受控文件,应加盖受控标记,经批准的作业指导书只能在规定的场合使用。严禁执行作废的作业指导书。如标准、方法、仪器设备等有变化,应按规定的程序对作业指导书进行更改和更换,并做好相应的记录,更换下来的文件及时回收并加盖作废章。

四、作业指导书编写误区及注意事项

(1)作业指导书的编写存在着很多误解,主要有:

①指导书的数量越多越好。

②把工作标准当作作业指导书。

③将标准或检测方法标准作为作业指导书。

④对所有方法和仪器都编写作业指导书。

⑤认为作业指导书是无用的,既费时又妨碍人操作。

⑥将仪器的使用说明或者操作规程当作业指导书。

⑦在仪器设备更换、标准规范修订后,不及时更新作业指导书。

⑧认为用文字将现有的操作按步骤详细地描述下来就是作业指导书。

(2)作业指导书的编写注意事项:

①作业指导书的唯一性。

②作业指导书的法规性。

③切合实际并全面控制。

④形式多样而写法各异。

⑤作业指导书的适用性。

⑥协调好指导书和程序文件关系。

⑦PDCA 循环(计划、执行、检查、处理)过程,持续改进。

车检机构作业指导书在"三检合一"和新技术发展的背景下,检验标准在不断更新,及时进行标准查新和贯宣体系文件,有利于车检工作有章可循,使检验过程控制规范化,处于受控状态,以确保车检工作的服务质量。

第六章 机动车检验检测机构质量管理

第一节 机动车检验检测机构的管理

一、机构架构

机动车检验检测机构按照《检验检测机构资质认定管理办法》和《检验检测机构资质认定能力评价 检验检测机构通用要求》(RB/T 214—2017)的要求,应是"依法成立,依据相关标准或者技术规范,利用仪器设备、环境设施等技术条件和专业技能,对产品或者法律法规规定的特定对象进行检验检测的专业技术组织"。机动车检验检测机构应具有严密的检验机构,合理的组织框架,明确的岗位职责,严明的组织纪律,良好的劳资关系。常见机动车检验检测机构框架如图 6-1 所示,也可以根据实际情况进行编制。

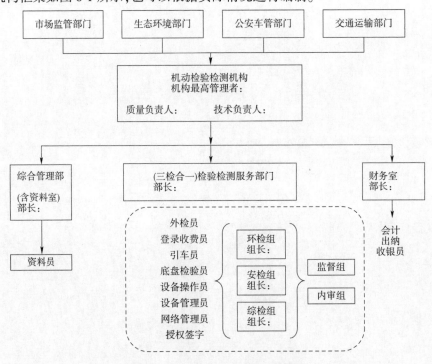

图 6-1 机动车检验检测机构组织框架图

二、机动车检验检测机构岗位能力要求

机动车检验检测机构岗位能力要求如下。

（1）机动车检验检测机构最高管理者能力要求：

①熟悉机动车检验检测相关的法律法规；

②熟悉资质认定相关要求；

③了解相关领域的检验检测标准；

④熟悉机动车检验检测业务；

⑤熟悉管理体系相关要求；

⑥熟悉机动车检验检测的组织和管理；

⑦熟悉相关检验检测项目的检验目的。

（2）技术负责人、授权签字人应具有 3 年及以上机动车检验检测工作经历；具有中级及以上相关专业技术职称，或同等能力；或具有机动车相关专业技师及以上技术等级；或具有机动车相关专业大专及以上学历。满足其中一种均可申报。其能力要求：

①熟悉相关检验检测领域的法律法规；

②熟悉资质认定相关要求、标准（RB/T 214、RB/T 218 等）；

③掌握相关检验检测领域的标准；

④熟悉管理体系相关要求；

⑤熟悉相关的机动车构造与理论；

⑥掌握相关检验检测项目的检验目的；

⑦掌握机构所开展检验检测领域的各检验检测工位业务、流程；

⑧熟悉相关检验检测领域的机动车检验检测相关设备；

⑨掌握机动车检验记录、报告的数据计算和判定相关知识；

⑩机动车检验机构从事综合性能检验检测业务的技术负责人和授权签字人还应满足 GB/T 17993—2017 的要求。

（3）机动车检验检测机构的质量负责人具有大学专科及以上学历，从事机动车检验检测活动或质量管理工作 1 年及以上，其能力要求：

①熟悉机动车检验检测相关法律法规；

②掌握管理体系和检验检测机构资质认定的要求，掌握 RB/T 214、RB/T 218 及其相关技术文件的要求；

③了解机动车检验检测相关技术标准；

④熟悉相关检验检测项目的检验目的；

⑤熟悉机构所开展检验检测领域的各检验检测工位业务、流程；

⑥掌握内部审核要求；

⑦机动车检验机构从事综合性能检验检测的质量负责人还应满足 GB/T 17993—2017 的要求。

（4）机动车检验检测机构的引车员应持有与检验车型相对应的有效机动车驾驶证 1 年以上，其能力要求：

①了解机动车检验检测相关法律法规技术标准；

②了解管理体系和检验检测机构资质认定的相关要求；

③熟悉相关检验检测项目的检验目的；

④熟悉机构所开展检验检测领域的各检验检测工位业务、流程；

⑤掌握机动车驾驶和使用的一般知识,了解机动车性能和相关构造；

⑥熟悉相关检验检测领域的检测仪器设备性能,熟练掌握检测仪器设备的操作规程和使用环境；

⑦掌握OBD设备的安装和使用,读取相关数据及判定要求；

⑧掌握所检验项目的技术标准、检验方法及判定要求。

(5)机动车检验检测机构的外检员、底盘检验员的能力要求(高中或中专)：

①了解机动车检验检测相关法律法规；

②了解管理体系和检验检测机构资质认定的相关要求；

③熟悉相关检验检测项目的检验目的；

④熟悉机构所开展检验检测领域的各检验检测工位业务、流程；

⑤熟悉机动车构造及原理；

⑥熟悉所检项目使用检测仪器设备的性能,熟练掌握检测仪器设备的操作规程；

⑦了解相关检验检测领域机动车检验检测相关标准；

⑧掌握所检验项目的技术标准、检验方法及判定要求。

⑨熟练掌握记录表的填写和使用方法；

⑩熟练掌握PDA、底盘间隙仪等设备的使用方法；

⑪掌握违规、被盗抢等问题车辆的识别知识。

(6)机动车检验检测机构的登录员能力要求：

①了解机动车检验检测相关法律法规；

②了解管理体系和检验检测机构资质认定的相关要求；

③熟悉所开展检验检测领域的各检验检测工位业务、流程；

④掌握计算机操作技能,熟练使用、管理计算机；

⑤了解机动车构造及原理；

⑥了解机动车领域检验检测相关标准；

⑦掌握机构开展的检验检测项目；

⑧掌握车辆信息、检测参数、检测方法的录入或确认。

(7)机动车检验检测机构的设备操作员能力要求：

①了解机动车检验检测相关法律法规；

②了解管理体系和检验检测机构资质认定的相关要求；

③熟悉相关检验检测项目的检验目的；

④熟悉机构所开展检验检测领域的各检验检测工位业务、流程；

⑤了解机动车构造和原理；

⑥掌握所开展检验检测领域的检测仪器设备的性能和使用要求；

⑦熟悉所开展检验检测领域的检测仪器设备管理知识；

⑧了解检测仪器设备维护、校准知识。

(8)机动车检验检测机构的设备管理员能力要求：

①了解机动车检验检测相关法律法规；

②了解管理体系和检验检测机构资质认定的相关要求；

③熟悉相关检验检测项目的检验检测目的；

④熟悉机构所开展检验检测领域的各检验检测工位业务、流程；

⑤熟悉机动车构造及原理；

⑥掌握开展检验检测领域的检测仪器设备的性能和使用要求；

⑦掌握开展检验检测领域的检测仪器设备管理知识；

⑧掌握检测仪器设备维护、校准知识。

（9）机动车检验检测机构的网络管理员能力要求：

①了解机动车检验检测相关法律法规；

②了解管理体系和检验检测机构资质认定的相关要求；

③熟悉机构所开展检验检测领域的各检验检测工位业务、流程；

④掌握计算机及其网络维护、管理、维修等相关知识；

⑤掌握计算机及其网络维护安全防护等相关知识；

⑥熟悉计算机系统软件、检验软件、检验数据库的使用、管理、维护、备份知识。

（10）机动车检验检测机构的质量监督员能力要求：

①熟悉机动车检验检测相关法律法规；

②熟悉管理体系和检验检测机构资质认定的相关要求；

③熟悉相关的机动车构造与理论；

④熟悉相关检验检测领域的机动车检验检测设备；

⑤熟悉所检验检测项目的检验目的；

⑥熟悉机构所开展检验检测领域的各检验检测工位业务、流程；

⑦熟悉所检验检测项目的技术标准、检验方法及判定要求；

⑧熟悉机动车检验检测记录、数据、结果和评价相关知识；

⑨掌握质量监督相关记录的使用要求。

（11）机动车检验检测机构的资料管理员能力要求：

①熟悉机动车检验检测相关法律法规；

②熟悉管理体系和检验检测机构资质认定的相关要求；

③掌握机动车检验检测标准、规范、规程、文件的收集、保管和更新的相关规定；

④掌握检验检测资料和质量记录收集、归档、整理的要求；

⑤掌握资料的统一编号、分类、保存、销毁等知识。

（12）机动车检验检测机构内审员能力要求：

①熟悉机动车检验检测相关法律法规；

②熟悉管理体系和检验检测机构资质认定的相关要求；

③熟悉本机构质量手册、程序文件以及作业指导书的内容；

④掌握机构内部审核的流程及要求，可完成对机构的内部审核及质量管理工作；

⑤了解所检验检测项目的检验目的；

⑥熟悉机构所开展检验检测领域的各检验检测工位业务、流程。

三、检验过程中的各岗位职责及操作技巧和注意事项

随着机动车国六标准的正式实施,汽车的环保检验标准越来越严格。环保操作各岗位人员应严格按照汽车排放检验相关法规、技术标准和操作规程的规定与要求,正确进行检验操作,认真完成汽车排放检验工作,确保检验质量,并对其完成的工作负责;检验人员应了解所用仪器设备的基本工作原理及结构,对仪器设备要正确使用和维护,并认真做好日常维护和日常使用记录,否则对由此而产生的不良后果应追究相应的法律责任。对检验记录、检验报告必须要有文字(或电子)备份并按规定安全可靠地保存。检验人员每天工作结束时,应按相关规定做好仪器设备的关机记录和测试的环境卫生工作,并完成相关负责人及岗组长交办的其他临时工作任务。下面就各环保检测主要岗位职责及操作技巧和注意事项进行介绍。

1. 车辆登录岗位(含收费)及环保联网核查

送检人员将车辆相关资料递交于环检录入窗口的工作人员,将其信息录入并环保联网核查,查验车辆是否有无环保违规记录。登录岗位工作人员应对上线检验的车辆(含复办、复检等)进行核对该车唯一性识别。

核对方法:该车车体的牌照号、车架号、发动机号码与其行驶证进行核查,如相符,进行后续检验;如不相符,将该车手续暂扣,并告知车主进行整改方可进行线上检验。

按相关规定及要求登录受检车辆的相关信息,做到"三不"(不多登,不错登,不漏登)。

(1)熟悉汽车环保检验工艺流程、检验业务和检验技术。

(2)熟练操作计算机,熟悉汽车环保检验业务范围内的机动车相关参数。

(3)每天上下班按时逐台开、关计算机、打印机、对讲机及电源等,对设备进行预热,并填写运行记录;负责检查计算机的开/关、电路是否良好和检验设备是否正常;负责打扫登录岗位及周边环境的卫生并随时保持干净。

(4)严格遵守各级主管部门的管理办法及规范。特别应严格遵守发展改革委相关文件和公司财务管理制度,做好各类票据台账以及现金的保管,便于统计直报。

(5)严格执行计算机的操作程序,严禁在计算机上操作与工作无关的事,计算机口令不得混用,因公离开岗位时必须退出系统。

(6)登录室里有送检人员围堆,应该立即制止。

(7)负责做好车辆送检人员的登录咨询解释工作,做好对外窗口的文明服务。按送检人排队顺序登录车辆。

(8)登录室工作人员应认真核对上线车辆的基本参数(如行驶里程、前驱还是后驱等),车辆信息录入完毕后,应将车辆相关手续交到送检人员手中。

(9)负责对所有上线检验车辆的相关手续、车架号、车牌号、车辆基本特征参数等信息认真进行核对确认,并正确、准确地录入上线检验车辆的相关信息。当发现上线检验车辆的相关手续、车架号、车牌号等相关信息与实际受检车辆不符时,应立即向检验主管汇报,对发现的问题有意隐瞒不报者按规定严处。

(10)负责对所有需上线检验的车辆,进行相关的车辆手续以及车辆唯一性识别(如转入、初检、复检等车辆牌照号、车架号、发动机号码与其行驶证等进行核对)。

（11）不得随意离开本岗位。

2. 外检(含底盘)查验岗位

严格执行公司的各项规章制度,认真完成该工位的检验工作并对所完成的工作负责,认真地维护检验设备。按技术标准规程及要求对受检车辆进行唯一性确认和外观(地沟)检查及拍照,查验车辆的排气装置及三元催化转换器的技术状况及符合性,并对排气装置和三元催化转换器拍照,并按相关规定传输检查结果及信息,确保受检车辆上线检验的符合性及安全性,对自己所完成的工作负责。基本要求如下:

（1）维护好外检(地沟)区检验秩序和卫生。

（2）按规定对车辆进行唯一性确认。

（3）做好热情、周到、耐心的服务。

（4）每天上、下班时按规定程序逐台开、关 PDA 掌机并负责充电、保管。

（5）按外观检验要求,特别要注意以下工作:

①检查车辆轮胎有无明显缺气,左右轮胎气压是否一致,轮胎有无裂痕及划伤,是否夹有杂物及沙石。

②检查车辆进、排气系统,发动机变速器和冷却系统(必要时在地沟检查),不得有任何破损、泄漏,车辆的发动机变速器和冷却系统等应无液体渗漏。

③确定车辆驱动形式及检验方法,断开 ABS 和防侧滑,和引车员做好交接,提醒引车员驱动形式。

④检查车辆的机械状况,无影响安全或引起试验偏差的机械故障。

（6）关闭空调、暖风、音响等附属设备,装备牵引力控制的车辆应关闭牵引力控制装置。受检车辆不能载客,也不能装载货物。

（7）外观检查包含对污染控制装置的检查和环保信息随车清单核查等。具体检验项目如下:

①检查被检车辆的车况是否正常。如有异常,应要求车主进行维修。

②检查车辆是否存在严重烧机油或者严重冒烟现象,如有,应要求车主进行维修。

③检查燃油蒸发控制系统连接管路的连接是否正确、完整。如果发现有老化、龟裂、破损或堵塞现象,应要求车主进行维修,对单一燃料的燃气车辆不需要进行此项检验。

④检查发动机排气管、排气消声器和排气后处理装置的外观及安装紧固部位是否完好,如发现有腐蚀、漏气、破损或松动的,应要求车主进行维修。

⑤检查车辆是否配置有 OBD 系统。

⑥判断车辆是否适合进行简易工况法检验,如不适合(例如:无法手动切换两驱模式的全时四驱车等),应标注。进行简易工况法检验的,应确认车辆轮胎表面无夹杂异物。

⑦变更登记、转移登记检验时应查验污染控制装置是否完好。

（8）单一燃料汽车,仅按燃用单一燃料进行排放检验;两用燃料汽车,要求使用两种燃料分别进行排放检验。有手动选择行驶模式功能的混合动力电动汽车应切换到最大燃料消耗模式进行测试,如无最大燃料消耗模式,则应切换到混合动力模式进行测试,若测试过程中发动机自动熄火自动切换到纯电模式,无须中止测试,可进行至测试结束。

（9）蒸发检验要分别完成燃油蒸发排放控制系统外观检验、加油口压力测试及加油口盖测试,对于无加油口盖设计车辆可不进行加油口盖测试。

3.引车员岗位

(1)熟悉各种车辆性能和操作要求,做好与车主的交接工作,提示车主随身携带好贵重物品,发现原车有剐蹭伤应向车主声明。已发现影响检验安全的车辆有责任告知车主不能进行检验。

(2)外观检验合格后(如不合格则签发检验报告,维修复检)就进入OBD检查,具体详情可参照图6-2 OBD诊断流程。

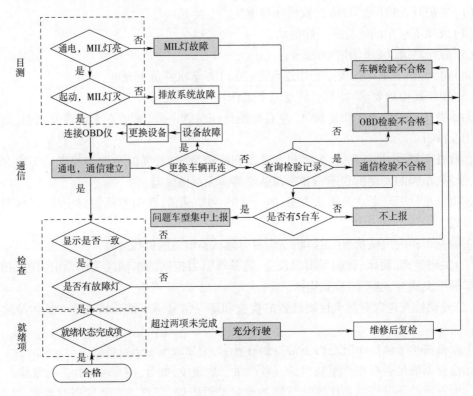

图6-2　OBD诊断流程

①OBD检查项目包括:故障指示灯状态,诊断仪实际读取的故障指示器状态,故障代码、MIL灯点亮后行驶里程和诊断就绪状态值等。

②若车辆存在故障指示器故障(含电路故障)、故障指示器激活、车辆与OBD诊断仪之间的通信故障、仪表板故障指示器状态与ECU中记载的故障指示器状态不一致时,均判定OBD检查不合格。

③OBD诊断仪应能实现对OBD检查数据的实时自动传输。作为排放检验一部分,OBD获得的信息应自动保存到计算机系统中。

④对要求配置远程排放管理车载终端的在用汽车,应查验其装置的通信是否正常。

⑤如车辆污染控制装置被移除,而OBD故障指示灯未点亮报警的,视为该车辆OBD检测不合格。

(3)熟悉环保检验的工艺流程、方法和标准,严格按技术标准和操作规程及根据环保检验系统设备操作员和检验控制系统屏幕提示,进行环保检验。

(4)沿车道标线按规定速度将被测车辆正确驶入底盘测功机上,对车辆的离合器、加速踏板、制动踏板和灯光开关等性能状态进行确认,检验前关闭车内空调、冷热风、收音机、ABS等设施,并确认检验方法进行检验。

(5)积极配合操作员,按屏幕提示及时正确操作,不得拖延。检验过程中密切关注车辆运行情况和屏幕显示,确保检验安全。

(6)接受操作员发出的指令,按照引车员辅助屏幕提示操作。

(7)检验完毕时等待操作员发出指令后缓慢将车辆驶出台架。

(8)每天上、下班时负责打扫引车区域及周边环境的卫生并随时保持干净。

4.设备操作辅助员

设备操作辅助员应按技术标准的规程和测控系统操作手册的规定正确操作检验系统,正常、安全地进行排放检验。

(1)负责安装发动机油温传感器、转速传感器、取样探头、三角挡块及地锚牵引安全带、尾气收集装置、测试屏幕等附属装置。

(2)检查车辆的正确位置及测功机举升装置的工作状况。发现异常情况,应马上告知引车员,让其紧急停车,确保检验工作正常、安全进行。

(3)设备操作员负责计算机仪器的操作,引导引车员完成检验工作。

(4)打开服务器,使用相关账户级口令打开工位机进行自检预热,环保检验系统的操作(开机预热、调度车辆信息等)及环检设备附属装置(测试屏幕、检验尾气探头和尾气收集装置、柴油机需安装发动机转速传感器)与被检验车辆的正确安装,放置好三角锥/块,连接好地锚牵引安全带等工作。

(5)严格按照尾气排放检验工位的检验规程进行操作,确认检验方法,放下举升板,让引车员将车辆摆正并进行相应的车辆预热。

(6)辅助员插好取样探头及辅助设施后,点击开始检验。密切注意被检车辆的状态,发现异常情况及时警告并切断电源。

(7)检验完毕后,拿出垫块,拔出限位装置,将探头及流量计套管放回指定摆放地。升起举升板,发出检验结束指令,示意车辆驶出台架。

(8)每天上、下班时按规定程序逐台开、关工位机并负责检查计算机的开关、电路是否良好和检验设备是否正常。负责设备开机预热,填写开机记录。负责打扫测试区域及周边环境的卫生并随时保持干净。

5.审核、签字及批准岗位

环保检验的最后一个流程就是审核签发检验报告,这意味着该车检验过程结束。

(1)审核员远程对排放检验系统的审核,即对检验电子报告单数据、照片、视频、过程数据和行驶证信息(相关手续、车架号、车牌号、车辆基本特征参数)等进行审核,并按规定进行信息传输。

(2)按照检验标准作出判断结果:"合格"或"不合格"。

(3)签字审批人打印并签发检验报告单给车主。

(4)负责车辆环保检验报告的解释和告知。

第二节　机动车检验检测机构体系的管理

机动车检验检测机构具有严谨的质量管理体系,主要包含软件和硬件管理,软件应包含质量管理体系文件的基本要求,硬件从人、机、料、法、环、测六个方面进行管理。具体如以下两方面。

一、软件——管理体系文件

1. 第一层文件:质量手册

(1)质量手册是对质量体系做概括表述、阐述及指导质量体系实践的主要文件,是企业质量管理和质量保证活动应长期遵循的纲领性文件。

(2)质量手册有三方面作用:一是在企业内部,它是由企业最高管理者批准发布的、有权威的、实施各项质量管理活动的基本法规和行动准则;二是对外部实行质量保证时,它是证明企业质量体系存在,并具有质量保证能力的文字表征和书面证据,是取得用户和第三方信任的手段;三是质量手册不仅为协调质量体系有效运行提供了有效手段,也为质量体系的评价和审核提供了依据。

2. 第二层文件:程序文件

(1)程序文件是在质量管理体系中质量手册的下一级文件层次,规定某项工作的一般过程。再下一级文件层次是作业指导书。程序文件存储的是程序,包括源程序和可执行程序。这里的程序与计算机技术中的程序并不相同,程序在这里是指为完成某项活动所规定的方法。

(2)程序文件的作用:使质量活动受控,对影响质量的各项活动作出规定,规定各项活动的方法和评定的准则,使各项活动处于受控状态。阐明与质量活动有关人员的责任:职责、权限、相互关系。作为执行、验证和评审质量活动的依据,程序的规定在实际活动中执行,执行的情况应留下证据,依据程序审核实际运作是否符合要求。

3. 第三层文件:作业指导书

(1)作业指导书(Working Instruction)是指为保证过程的质量而制订的程序。

①"过程"可理解为一组相关的具体作业活动。

②作业指导书也是一种程序,只不过其针对的对象是具体的作业活动,而程序文件描述的对象是某项系统性的质量活动。

③作业指导书有时也称为工作指导令或操作规范、操作规程、工作指引等。

(2)作业指导书的作用。

①指导保证过程质量的最基础文件和为开展纯技术性质量活动提供指导。

②质量体系程序文件的支持性文件。

4. 第四层文件:记录

(1)质量记录。

①质量记录是指企业已经进行过的质量活动所留下的记录,是用以证明质量体系有效运行的客观证据。质量记录是获得必要的产品质量及有效实施质量体系各要素的客观

证据。

②质量记录的作用:记录与文件不同,记录可以提供产品、过程和质量管理体系符合要求及有效性运作的证据,具有可追溯性、留存证据并据此采取纠正和预防措施的作用。

质量记录为质量活动及达到的结果提供客观证据,为正确有效地控制和评价产品质量提供客观证据,为评价质量体系的有效性提供客观证据,为采取预防和纠正措施提供重要依据,为评价和验证质量活动提供信息,是质量手册及质量体系程序文件的支持性文件。

③质量记录包括但不限于:来自内部审核和管理评审的报告及纠正措施的记录,过程控制和纠正措施记录,试验设备和仪器的标识记录,人员资格和培训方面的记录(具体见质量记录表)。

(2)技术记录。

技术记录主要是检测过程中产生的测试过程、测试结果及评价的记录。主要作用是用于记录及溯源,同时也是检测过程的证据。技术记录包括但不限于分析测试记录、现场采样记录。

(3)档案记录。

档案记录指仪器设备的检定/校准计划,其内容包括:

①仪器设备系统的名称、型号及编号;

②检定/校准周期;

③检定/校准单位;

④检定/校准日期。

二、硬件——管理六要素

管理六要素指从人、机、料、法、环、测六个方面进行管理。人、机、料、法、环、测是对全面质量管理理论中的六个影响产品质量的主要因素的简称,如图6-3所示。

人:指针对人员管理制定的文件;

机:指针对检测中所使用的仪器、设备、工具等检验用具制定的管理文件;

料或来料:对于检验机构来讲,料即是检验对象,即被检车辆;

法:指检验过程中所遵循的法律、法规、规章制度、技术标准;

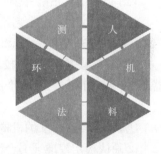

图6-3 人、机、料、法、环、测循环图

环:指针对检验所需的环境条件;

测:指检测工作中所产生的原始记录。

这六大要素论中,人是处于中心位置和"驾驶"地位的,就像行驶的汽车一样,汽车的四个车轮是"机""料""法""环"四个要素,驾驶员这个"人"的要素才是主要的。没有了驾驶员,这辆车也就只能原地不动成为废物了。一个工厂如果机器、物料、加工产品的方法都好,并且周围环境也适合生产,但这个工厂没有员工的话,那它还是没法进行生产,测试是质量的保障。

1. 人——人员

"人"指针对人员管理制定的文件。包括人员的岗位职责、岗位确认、培训体系等。要保证机构的操作人员应是质量意识深刻、操作技术熟练、身心健康、工作高效的熟练技术工人。

（1）加强"质量、安全第一"的管理宗旨警示教育，建立健全质量管理责任制。

（2）建立技术人员档案，应对人员资格确认与授权，关键岗位人员（引车员等检验员、授权签字人）进行能力确认并保存记录，实施监督。

（3）编写明确详细的操作流程，加强工序专业培训，严格岗位考核。从业人员经专业培训，并经考试合格，方可上岗。应建立人员培训制度且有效实施，应对培训效果进行评价。

（4）加强监督管理工作，后一工序是前一工序的必然监测，充分发挥授权签字人的监督作用。

（5）检验工作双随机，杜绝内外勾结，保障检测质量。

2. 机——仪器设备

"机"指针对检测中所使用的仪器、设备、工具等检验用具制定的管理体系文件，包括运行日志，维修、维护记录，标准物质使用台账，仪器检定校准确认等。

测试的机器设备的管理分三个方面，即使用、点检、维护。使用即根据机器设备的性能及操作要求来培养操作者，使其能够正确操作使用设备进行生产，这是设备管理最基础的内容。点检指使用前后根据一定标准对设备进行状态及性能的确认，及早发现设备异常，防止设备非预期的使用，这是设备管理的关键。维护指根据设备特性，按照一定时间间隔对设备进行检修、清洁、上润滑油等，防止设备劣化，延长设备的使用寿命，是设备管理的重要部分。其管理要求如下：

（1）仪器设备的采购计划及审批，采购合同资质材料不允许租赁或借用。

（2）必须配备正确齐全、成套使用、状况良好、量程及准确度满足要求的仪器设备。

（3）随机文件，包括使用说明书、出厂合格证、程序安装光盘等建立设备台账及设备档案（建档编号），进行唯一性标识和状态性标识。

（4）仪器设备的检定、校准计划，检定、校准单位的识别材料（合同、资质），如更换传感器后，设备应重新检定、校准溯源，对检定、校准结果进行确认。检定、校准结果确认记录应包括：

①确认检定、校准的机构是否具备资质。

②确认检定校准证书合法性。包括确认证书编号、CNAS/CMA（中国合格评定国家认可委员会/中国计量认证）标志、检定校准专用章、检验、审核、批准人签字等。

③确认仪器设备的检定/校准结果是否完整，是否按规定的检定规程或校准规范进行检定/校准，使用的标准物质是否符合要求。

④应依据设备用途，按照检验项目标准规定的该设备技术要求，明确检定/校准结果是否符合要求，是否允许使用。

（5）规范设备授权操作文件。

（6）制订期间核查计划，记录实施过程及结果。

（7）建立标准物质台账。

（8）进行设备比对、人员比对试验或能力验证记录（含计划）。

（9）仪器设备的使用、维护和维修等运行记录。

3. 料——易耗品（耗材、标准物质等）

物料一般是指原材料或来料，对于检验机构来讲，料即是检测对象，即被检车辆。其管理要求如下：

（1）物料的申购、审批。

（2）物料的验收、管理[验收包括外观验收、品质验收、标准物质的验收（包括有效期、浓度或级别的验收），管理包括进出库统计、台账等]。

（3）物料供应商评价（评价合格供应商名录）。

（4）加强对被检车辆的入场检验（外检），将有隐患的车辆拒之场外。

（5）加强标准物质管理，建立标准物质采购、使用记录台账。

（6）加强低值易耗品管理，建立低值易耗品管理台账。

4. 法——法律法规、检测方法

"法"是指检验过程中所需遵循的法律、法规、规章、制度以及技术标准，包括：检验标准、操作流程、作业指导书等。应该结合自身特点编制适用的检验流程和实用的作业指导书，而不是照搬标准，应付检查。其管理要求如下：

（1）应进行相关法律法规及标准（如计量法、认证及检验检测标准等）查新工作并做好记录。

（2）对于新使用检测方法的选择（国家标准、行业标准、地方标准），应进行方法的验证及确认。

（3）编制各类程序文件，明确各类工作的流程程序，如文件控制程序、内部审核程序、外部评审程序、不符合工作程序等。

（4）编制符合自身特点、简便易行、符合规范的作业指导书。

（5）检测方法、法律法规的管理（有效性管理及更新流程）。

（6）编制公司的各项管理规定及规章制度。

5. 环——检测环境

"环"指针对检验场所所需的工作环境，以及确保环境条件不会使检验检测结果无效，或不会对检验检测质量产生不良影响的控制措施，或指各种产品、原材料的摆放，工具、设备的布置和个人5S（整理、整顿、清扫、清洁、素养）。如对危险品的控制：一是化学物品的堆放，诸如检测使用的各类标号标准气体之类。二是指具体检验过程中针对生产条件对温度、湿度、大气压、光线等要求的控制。三是检验样车（罐车、特种作业操作车）里面化学物质的环境控制（铅、汞、镉、多溴联苯、多溴二苯醚等）。其管理要求如下：

（1）环境视频及监控的配备。

（2）场所土地证应具有满足检验工作需要的固定场所所有权或合法使用权。

（3）场地建筑、主要设施的配套要满足检验要求。

（4）区域布局合理。

（5）周边道路便捷。

（6）场区内道路交通标志、交通标线、引导牌、安全标志、限速标志等配置齐全。

（7）制订有应急预案,在发生人身安全事故,刑事案件,火灾,触电事故,易燃易爆气体或液体、化学危险品泄漏,交通事故等事故时,正确及时处置。

（8）机动车检验机构的场地、建筑等设施要求：

①机动车检验机构检验所需设施齐全,至少应有检验车间、停车场、场区道路、业务大厅、办公区、底盘动态检验区、人工检验区等设施,各区域布局合理。

②机动车检验机构检验车间应当铺设易清除污物的硬地面,地面强度应当满足被检车辆的承载要求,行车路面纵向和横向坡度不大于0.1%,滚筒制动性能检验台工位前、后地面附着系数应当不小于0.7,长度和宽度应与检验车型相适应。检验车间出入口应当设有引车道和必要的交通标志。

③机动车检验机构车辆底盘部件检查时应有检查地沟或者举升装置。

④机动车检验机构行车制动路试检验应有水泥或沥青路面的路试车道,路试车道长度和宽度应当满足检验标准要求,并设有规范的交通标志标线,路面附着系数应当不小于0.7。驻车制动路试检验应有驻车坡道或符合规定的路试驻车制动检测设备设施,驻车坡道应满足承检车型检验要求。坡道路面附着系数应当不小于0.7。试验车道和驻车坡道应正确标识并有安全防护措施设施。

⑤机动车检验机构场区道路应视线良好、保持通畅,交通标志、交通标线、引导牌、安全标志、限速标志等配置齐全。道路的转弯半径、长度应能满足最大尺寸承检车辆行驶的需要,场区道路应注意避免产生车辆交叉干扰。

⑥停车场地面积应当与检验能力相适应,不得占用机动车检验机构外部道路停车,应划有停车位且有已检区、待检区标识。停车场地消防、安全、照明设施应齐全有效。

6.测

"测"指在机动车环保检验检测工作中所测试出的原始记录。其管理要求如下：

（1）应按照标准要求,设计原始记录单,包括人工检验记录单、检验工作日志、交接班记录、问题车型集中上报表以及上下联络记录等。

（2）应保证原始记录的真实性、原始性、完整性、可追溯性。

（3）纸质记录应保存6年,电子记录应保存10年。

注意：原始记录与检验报告存在区别。

第三节　机动车检验检测机构质量手册的编写

《检验检测机构资质认定能力评价 检验检测机构通用要求》(RB/T 214—2017)评审要求包括以下几个方面：4.5.5是关于分包的要求,机动车检验检测机构(以下简称"车检机构")应是具有车检标准所述车辆类型中的一类或几类车型的全部检验能力,不得分包,该条款不适用；4.5.17是关于抽样的要求,4.5.22是关于抽样结果的要求,由于车检机构不涉及抽样,所以这两条也无须执行。因此,5个要求中需要执行的共有46条要求。

《检验检测机构资质认定能力评价 机动车检验机构要求》(RB/T 218—2017)共有30条要求,规定了技术负责人、质量负责人及授权签字人技术条件,还规定了检验车间、停车场、场区道路、业务大厅、办公区等设施以及检验报告和记录的格式及保存期限等技术条件,是车检机构开展检测业务的前提,也是编制质量手册的物质基础。

一、概述

1. 质量手册的内容

质量手册是车检机构按照《检验检测机构资质认定能力评价 检验检测机构通用要求》(RB/T 214—2017)及其补充特殊要求的规定,根据机构确定的质量方针、质量目标,描述与之相适应管理体系的基本文件,提出了对检测全过程的管理要求。质量手册的内容包括:

(1)阐明车检机构的质量方针、目标以及管理体系中全部活动的政策;

(2)按照《检验检测机构资质认定能力评价 检验检测机构通用要求》(RB/T 214—2017)及其补充特殊要求,规定和描述管理体系;

(3)规定对管理体系有影响的管理人员的职责和权限;

(4)明确管理体系中各种活动的行动准则及具体程序;

(5)明确其组织结构及质量管理、技术管理和行政管理之间的关系。

2. 质量手册的目的

质量手册可以作为车检机构指导内部实施质量管理的法规性文件,也可以是代表车检机构对外作出承诺的证明性文件。编制质量手册的主要目的是:

(1)传达车检机构的质量方针、目标、程序和要求;

(2)促进车检机构管理体系有效运行,确保管理体系要求融入检验检测的全过程;

(3)规定改进的控制方法及促进质量保证活动的途径;

(4)环境改变时,保证管理体系及其要求的连续性、适宜性、有效性、充分性;

(5)为管理体系审核提供依据;

(6)作为有关人员的培训教材;

(7)对外展示、介绍本车检机构的管理体系;

(8)证明本车检机构的质量管理体系与客户或认证机构要求的质量管理体系标准完全符合,且有效;

(9)作为承诺,向客户提出能保证得到满意的产品或服务。

3. 质量手册的编写原则

质量手册的编写原则主要包括以下四个方面:

(1)符合认可准则及有关法律法规的要求;

(2)符合车检机构的实际情况;

(3)有利于向客户、认可机构、相关方提供质量满足要求的证据;

(4)内容全面、结构层次清楚、语言通俗易懂、名词术语标准规范。

质量手册要力求将语言"翻译"成检验检测机构普通员工都能接受的语言。

因为《检验检测机构资质认定能力评价 检验检测机构通用要求》(RB/T 214—2017)、《检验检测机构资质认定能力评价 机动车检验机构要求》(RB/T 218—2017)在借鉴可参考外文翻译成中文时,可能考虑到"等同采用"的原则,在语言方面显得非常生硬,甚至有些让人有"看天书"的感觉。由于质量手册是要为全体员工理解、贯彻和执行的,需要编写者做"二次翻译"的工作。

在质量手册的结构层次方面,要尽量与准则的结构层次保持一致。例如,手册的章节最好和认可准则章节对应,最好对应到每一节,这样客户、认可机构、相关方阅读车检机构质量手册时会感到比较熟悉,容易接受。

4. 质量手册的编写方法

编写质量手册时,需要注意以下四点方法:

(1) 编写前充分学习并深入理解 RB/T 214—2017 和 RB/T 218—2017 条文。

(2) 对车检机构的现状做深入研究,识别过程、规定控制范围。

(3) 与程序文件可有重复,但手册对过程的描述应简明扼要。

(4) 可参考范本编写,但不可照搬照抄。

质量手册是纲领性文件,程序文件是支持性文件,它们都涉及过程。例如,质量手册中有文件控制,程序文件中也有专门的文件控制程序,所以质量手册和程序文件肯定会有重复,但这种重复是完全必要的,而且也并不是简单重复。质量手册对过程的描述是简要的,可操作性不一定很强,仅是让员工、客户和相关方有一个基本了解;而程序文件对过程的描述是详细的,可操作性很强,员工能够按其运作。有些车检机构为了省事,在当质量手册写到某个过程要素时,就一语带过"详见……程序",或者原封不动地将程序文件搬到手册上去,这些做法都不太好,属于存在"体系文件结构层次不清楚"的弊病。

5. 质量手册的作用

(1) 在车检机构内部,质量手册是由机构最高管理者批准发布的、有权威的、实施各项质量管理活动的基本法规和行动准则;

(2) 对外部实行质量保证时,质量手册是证明车检机构质量体系存在,具有质量保证能力的文字表征和书面证据,是取得客户和第三方信任的必要手段;

(3) 质量手册不仅为协调质量体系有效运行提供了有效手段,也为质量体系的评价和审核提供了依据。

6. 质量手册与车检机构规章制度的关系

(1) 性质不同。质量手册是车检机构管理体系的统领,而管理制度是车检机构某一方面的行为导则,是在质量手册框架下,保证质量活动正确开展的手段。管理制度是车检机构为求得最大效益,在检验活动中指定的各种带有强制性义务,并能保障一定权利的各项规定或条例,包括机构的人事制度、生产管理制度、民主管理制度等一切规章制度。

(2) 管理层次不同,质量手册由车检机构最高管理者批准颁布,是管理体系的纲领性文件。最高管理者对管理体系全面负责,承担领导责任和履行承诺。最高管理者负责管理体系的建立和有效运行,满足相关法律法规要求和客户要求,提升客户满意度,运用过程方法建立管理体系和分析风险、机遇,组织质量管理体系的管理评审。而制度偏重于某一项实际操作,发布的层次较低。

(3) 文件的编制原则和指导思想不同。质量手册是严格按照"质量环"原理和系统原理来进行设计、建立和运转的;其他制度、规章因层次限制,其系统性稍差。

(4) 编制过程不同。质量手册编制、发布有严格的程序(本书后续章节讨论);而规章制度随着适用范围不同,其编制、发布的过程也不相同,例如:部门规章制度,只需在部门讨论通过即可,不需要最高管理者批准发布。

(5)编制依据不同。质量手册是依据《检验检测机构资质认定能力评价 检验检测机构通用要求》(RB/T 214—2017)及其补充特殊要求编制而成的;而规章制度的制定是从需要出发,必要的制度一个不能少,不必要的制度一个也不可要,否则会扰乱机构的正常活动,制定的制度内容应与国家、政府相关的法律、法令、法规保持一定程度的一致性,绝不可以相违背。

二、质量手册的结构

质量手册的结构和形式没有统一的标准化规定,各车检机构可根据具体情况自行安排章节结构,但必须清楚、准确、全面、简要地阐明质量方针和控制程序,保证必要的事项得以合理安排。通常结构如下。

1.封面

封面一般包括:质量手册的名称、版本号、发布日期、实施日期、受控状况、单位名称。质量手册的适用范围亦可列在封面,但更多是在前言中注明。

2.批准页

批准页记载车检机构的最高管理者对质量手册发布的简短声明及签名。

3.目次页

在目次页中,列出质量手册各章节的标题及页码。

4.修订页

修订页用修订记录表的形式说明质量手册中各部分的修订情况,表达质量手册的修订状态,显示最新有效版本。修订页记录的内容表达了管理体系的运行的连续性、适宜性和有效性。

5.发放控制页

发放控制页用发放记录表的形式说明质量手册的发放情况与分布情况。

6.定义(术语)

设立本章的目的是实现对质量手册内容的一致理解。一般可编入特有术语和概念的定义,也可列入依据的主要术语标准。

7.车检机构概况

车检机构概况介绍包括下内容。

(1)车检机构的名称:成立的背景和历史演变、发展沿革;

(2)能力概况:场地、设备、设施、人员、业务范围等;

(3)管理体系:依据的质量管理标准规范,认证认可情况等;

(4)业绩:成立以来开展的业务范围、工作量、工作成绩等;

(5)联系方式:机构网站、微信公众号、服务咨询电话、地址等。

8.质量方针和目标

本章包括车检机构确立的质量方针、质量目标及最高管理者签名。质量方针是车检机构在质量方面总的宗旨和方向,要求全体员工理解、贯彻、执行,所以应简单明确、便于记忆,但也不要形成标语口号似的或千篇一律、毫无特色的条文,本条除要表述质量方针外,还要解释和说明质量方针的含义。

9. 组织结构、职责和权限

本章描述本车检机构中层以上机构的设置;阐述影响质量管理、操作和验证等各职能部门的职责、权限及隶属工作关系;明确其组织结构及质量管理、技术管理和行政管理之间的关系;内部组织构成应通过组织结构图来表述。

10. 管理体系要素描述

本章主要对应体系的通用要求、资源要求、过程要求、管理体系要求。这一章节是重中之重,需要对认可体系有很好的理解。质量手册在描述质量管理体系结构上应尽可能与RB/T 214—2017 保持一致,结合车检机构实情,对各要素按顺序分章叙述。在内容上应覆盖两个认定标准的全部要素及要求,如前文所述,车检机构需要执行认证通用标准5个要求中的46条,质量手册应覆盖这46条要求。删除要素或增加要素应作说明。对某一具体要素的描述,是在有关的质量管理体系程序文件的基础上摘要形成,不应与程序文件相矛盾,其详细程度应覆盖所选定的质量保证标准中对该要素的全部要求。与各章节有关的管理体系程序的编号和名称可作为附录列出,以便阅读者能迅速查阅所需部分的内容。

附录其主要内容包括以下方面(根据实际情况可以添加,不是一成不变):

(1)组织机构框图。

(2)公司资质。

(3)人员一览表(授权签字人)授权书。

(4)质量职责分配表。

(5)管理体系框图。

(6)检测项目能力一览表。

(7)车检机构平面图。

(8)仪器设备一览表。

(9)检测工作流程图。

(10)程序文件目录。

(11)车检机构行为要求。

11. 质量手册管理

本章主要描述质量手册的制定、批准发布、受控、修改、发放、宣贯、回收、存档、作废等活动。

12. 质量手册的格式

质量手册并无规定的格式要求,但建议做到以下几点:

(1)分章排序(页号)。

(2)活页装订。

(3)每页有页眉、页脚。

质量手册以电子版形式存储和显示也可以,但要注意确保受控,尤其是更改受控。

13. 支持性文件附录

附录可能列入的支持性文件资料有:程序文件、作业程序、技术标准及管理标准等。

三、编制质量手册等工作步骤

由于各车检机构的管理基础存在很大的差异,各车检机构的管理目标和要求会有所不同。因此,编制质量手册的具体做法不可强求一致。在车检机构认为合适时,初次编写质量手册,可采用下列工作步骤。

1.成立编写机构

一旦本车检机构的最高管理者作出编写质量手册的决定后,一般应成立以下组织。

1)质量手册编写领导小组

质量手册编写领导小组由车检机构最高管理者(或授权代表)、各有关业务主管领导、质量手册编写办公室负责人组成,负责确立质量手册编写的指导思想,研究确定本机构的质量方针、质量目标,编制质量手册的整体框架,制订编写进度计划,以及协调质量手册编写中重大事项等。

2)质量手册编写办公室

一般规模较大、组织机构较复杂的车检机构(例如:检测线3条以上,检验员30人以上,检测业务种类两种以上等)设置质量手册编写办公室,以质量管理部门为基础,吸收各有关职能部门的适当人员组成。质量手册编写办公室负责手册的具体编写工作。

2.明确和制定质量方针

质量方针声明应经最高管理者授权发布,至少包括下列内容:

(1)最高管理者对良好职业行为和为客户提供检验检测服务质量的承诺;

(2)最高管理者关于服务标准的声明;

(3)质量目标;

(4)要求所有与检验检测活动有关的人员熟悉质量文件,并执行相关政策和程序;

(5)最高管理者对遵循本准则及持续改进管理体系的承诺。

3.学习资质认证标准

首先是车检机构的管理者、质量手册编写领导小组的人员要深入学习,系统、全面地掌握《检验检测机构资质认定能力评价 检验检测机构通用要求》(RB/T 214—2017),确定与所选用的管理体系标准相对应的管理体系要素。

4.确定质量手册格式和结构

确定待编质量手册的格式和结构,列出相应的编制计划。质量手册的格式和结构没有统一要求,但要全篇统一,条目清晰,层次分明,便于阅读。

5.收集涉及管理体系的资料

初次认证的车检机构要采取各种方法,如调查表、访问的资料,收集原始文件或参考资料,将《检验检测机构资质认定能力评价 检验检测机构通用要求》(RB/T 214—2017)与本车检机构质量管理的经验、教训相对照,把符合标准或基本符合标准的做法及其规章制度,经过必要的修改、补充,纳入到编制的质量手册或程序文件中去。

6.落实质量职能

把确定的质量管理体系中规定的职能,具体落实到各职能部门,编制职能分配表。如有些要素涉及多个部门,应确定哪个部门是主办单位,哪个部门是配合单位。在落实职能过程中,必须明确建立符合准则要求的质量管理体系是车检机构各个部门、单位的共同职责,不应看成只是质量部门的事,从而把很多应当由其他职能部门承担的要素或分要素都推到质量部门来负责。这是当前编写质量手册落实质量职能时一个值得重视的方向。

7.编写质量手册草案

实际编写质量手册工作中,首先由质量编写办公室提出一份质量手册编写的框架(包括颁发令、前言、目次、质量手册正文、质量手册管理使用规定、支持性文件目录的具体编写提纲、分工、进度等),经质量手册编写领导小组同意后,分工编制,办公室组织集体讨论、协调,经过几次讨论修改,形成草案。在草案编写过程中,遇到难以解决的问题,如请示主管领导能较快解决的应及时汇报解决;有些重大的涉及面较广的复杂问题,也可集中在一起,提请质量手册领导小组审查质量手册草案时解决。

为了避免质量手册篇幅过长,可在质量手册中直接引用现行有效的标准或各种文件。体系文件改版或转版的车检机构要保持文件内容、编写风格的连续性。

8.质量手册的批准、发布

质量手册发布前,应由车检机构负责人对其进行最后审查,以保证其清晰、准确、适用和结构合理,也可以请预定的使用者对质量手册的适用性进行评定,然后由最高管理者批准发布。

9.质量手册试运行与修订

质量手册发布后,进入试运行阶段。试运行阶段,全方位体验质量手册的适宜性、充分性和有效性。质量部门负责及时收集运行中的相关资料,记录整理使用者的意见和建议。在质量手册运行6个月左右,对质量手册运行以来出现的各种问题进行归纳总结,对各方意见和建议加以汇总,进行一次内审和管评,修订完成质量手册的正式版本,并颁布执行。

质量手册是对质量体系做概括表述、阐述及指导质量体系实践的主要文件,是车检机构质量管理和质量保证活动应长期遵循的纲领性文件。质量手册的编写要根据车检机构自身情况来写,切忌千篇一律照抄评审标准,应把整个检验工作看成是一个系统工程,对影响检测质量的全部要素进行有效控制。

质量手册编写质量的好坏,直接反映出车检机构管理水平的高低。质量手册编写过程中,可以借鉴同行手册来编写,但不能是抄袭,只能是借鉴,应吸收同行质量手册中成功的管理经验,采纳清晰的编写格式和层次分明的编写架构,对缩短前期准备时间、提高编写效率、少走弯路是有益的。

第四节　机动车检验检测机构监督管理

在本章第二节介绍了"机动车检验检测机构体系的管理",机动车检验检测机构硬件从人、机、料、法、环、测六个方面进行管理,那么最后一道管理关口监督管理(简称为"监管"或"监")尤为重要,人、机、料、法、环、测六个方面管理得再好,没有严格监管机制,也难以长久,为此本节着重对机动车检验检测机构监督管理进行介绍。

机动车检验检测机构监督管理通常分为机构的内部监督管理和外部监督管理。内部监督管理一般分为日常监督检查和专项监督检查。外部监督管理则是由(国家、省级、市级等)相关监督管理部门进行的监督检查管理,通常说国家级的监督检查为专项检查或者叫"飞行检查",省级、市级监督检查一般分为日常监督管理和专项检查。监督是通过对人员的监督来确保检验检测结果与评价的正确性。内部监督则一般由本部门的人员执行,即监督员(有资格)执行,监督员不一定要经过专门的培训,内部监督工作大多是每个检验检测机构自行作出规定。监督的对象则是检验检测人员执行的检验检测工作全过程的能力。监督则是连续进行的。严格的监管机制需要扎实的理论基础、丰富的实践经验、敬畏的监管意识、严谨的细节观念。

一、监督管理部门要做的工作

(1)外部监管:

①普法和执法(放管服)的普及落实。

②各级主管及监督部门文件的贯彻执行情况。

③客观、公正、透明、人性化执法。

④高标准严要求把握好违规处罚尺度。

⑤有无检验违法的行为(伪造检验结果、虚假检验报告)。

⑥检验活动是否规范(标准、规范、设备系统要求、人员、各级检验相关文件)

(2)内部监管:

①员工是否通过学习并掌握机动车检验技术规范。

②是否细致认真地进行日常现场规范化检查。

③结合法律法规标准文件研究检验过程中具体问题。

④有无违规乱象的出现,一经发现用制度处罚。

⑤检验环境(送检人员、车辆停放、场地卫生、导向标志、办理大厅)的管理,是否到位满足基本要求。

⑥车主疑问的解释(排放超标原因、网络故障、淘汰车辆等)。

⑦机构内监管制度机制的落实情况。

二、检验机构要做的工作

了解监管意图,做好安检、环检、综检的服务工作;依法按规检验,规避各类风险溯源;排查管理盲点,完善各类制度;加强横向交流;研究车检市场,优化检验项目政策。按规定办理营业执照(营业执照三证合一、经营范围),检验检测机构资质认定证书(资质认定计量认证证书附表:检测产品项目参数、标准名称及编号),交通管理部门的批文,环保主管部门的批文,检验人员资质证书(职称及技术证书、检验上岗证、内审员证书)等各种手续。最后联网实时上传接受联网监管。

三、体系文件及管理常见问题

(1)组织机构图及岗位设置与本单位实情不符。

(2)体系文件宣贯不力,本单位人员不了解。

(3)文件签发、管理不规范。

(4)质量体系内部审核不符合要求。

(5)作业指导书内容不全面,可操作性差。

①照抄设备使用说明书,未参照检验标准方法归纳调整。

②对车辆的预检准备、操作要求未细化。

③对仪器设备的自检内容描述不全面。

④仪器设备的日常检验要求未规定。

⑤检验流程不规范。

⑥指导书涉及岗位不全。

（6）管理体系不能有效运行。

①无内审年度计划，内审项目不全、记录不详细。

a. 审核中发现的问题，采取的纠正措施及其效果应加以记录，在审核报告中反映出来。

b. 验证，在报告中加以记录。

②无比对和验证年度计划，内容不全。

a. 检验机构应制订比对验证计划，并加以审核。比对和验证的内容主要包括：检验机构间和检验场所间的比对试验；用相同检验设备，由不同检验人员进行比对试验；或用不同的检验设备，由相同的检验人员进行比对试验；定期使用标准物质在检验机构内部进行检查。

b. 技术负责人负责组织实施，并进行效果分析总结，比对和验证的有关记录和资料应归档保存。

③无人员培训，考核年度计划，人员档案管理不健全。

a. 工作人员应经过必要的培训，有专业知识和经验，并注意知识的更新，做到持证上岗。

b. 应建立人员考核评价机制，考核不同岗位人员的专业技能、工作情况、职业道德素质以及是否被投诉。

c. 人员专业岗位证书、培训成绩、技能考核、岗位考核和经历等技术业绩均应进行能力确认后归入员工个人档案。

④体系运行记录表未实时填写，填写内容不规范。

如三大体系文件(质量手册、程序文件、作业指导书)的建立并实施中，检验机构做了哪些质量管理记录，如比对及能力验证试验、期间核查、设备维修等。

⑤资质有效期。

国家认证认可监督管理委员会对计量认证资质有效期进行了调整，现改为 6 年有效期。但要注意现有资质的计量认证复评审和机动车安全检验周期，很多单位对此不注意，导致无资质检验甚至被断网。

⑥机构状态发生变化时，未主动及时上报。

检验机构法定代表人、质量负责人和技术负责人、授权签字人、地址、联系方式等主要机构信息发生变化的，应及时向上级市场监管部门、生态环境部门等提交变更备案表和相关证明材料，及时更新各监管部门的数字平台信息，避免处于空档期的风险。

如机构管理层及关键人员发生变动，机构类别升级改造、场地搬迁(迁址)、范围扩大、检验线数量增加、检验线重大技术改造等检验条件发生的变化，环检机构应预先提出申请，经市场监管部门资质认定、生态环境部门现场能力审核通过后方可联网出具环检报告。

⑦年度报告上报不及时，不规范。

根据环境保护部《关于进一步规范排放检验加强机动车环境监督管理工作的通知》

(国环规大气〔2016〕2号)文件要求,机动车排放检验机构于每年1月15日前向市生态环境部门(机动车排气污染监控中心)提交《上一年度工作报告》并加盖单位公章。年度报告应至少包括以下内容:

  a.环检机构情况(名录、规模、类别等);

  b.环检机构人员情况(人员基本情况、人员培训和考核状况等);

  c.环检机构内部管理情况(内部检验线的比对和检验设备的校准等);

  d.环检机构在用检验设备情况(检验设备检定情况、数据传输、比对等);

  e.在用机动车环保定期检验情况及存在问题(发现的排放控制装置缺陷等);

  f.本年度机构受处罚情况(明确被处罚原因及整改情况);

  g.其他。

四、仪器设备管理常见问题(以环保检验为例)

(1)缺乏对设备技术指标全面了解的人。

(2)硬件[符合要求的冷却风机,永久性标牌上的技术参数,测功机、振动转速分析仪(振动转速适配器)、流量分析仪、OBD诊断仪、标准气体、滤光片、烟度计和分析仪(含NO_2—NO转化炉)的技术参数]验收不充分。设备验收流于形式,软件验收尤其欠缺,见表6-1所示验收记录简单。

环保测试软件设置　　　　　　　　　　　　　　　　表6-1

序　号	项　目	时　间	备　注
1	排气分析仪密闭性检验周期	取样管有变动(单双变换,更换耗材)开机后	
2	排气分析仪低量程标准气检查周期	每天	
3	排气分析仪高量程标准器标定周期	低量程检查不通过时,需要高量程	
4	底盘测功机寄生功率检验周期	每天	
5	底盘测功机加载滑行检验周期	每天	
6	气象参数的校准周期	随天气变换(早上、中午)至少2次	
7	不透光烟度计线性检查(滤光片检查)	每天	

说明:表中1~7应在软件中设置,未检或检验不通过应自动锁止系统,其他项目应保存检验记录。

系统停检及锁止功能见表6-2。

①日常检验合格判定存在软件设置假判或不显示实时数据。

②未按规定维护、保存,记录不实时。

③日常使用、定期校/检验各种表格记录不对应,不实时。

④标识管理不规范。

⑤O_2及NO传感器失效后未及时更换。

⑥标准物质未建立管理档案。

⑦电子环境参数测试仪自检不到位。

设备和仪器日常检验时限及系统控制停检或锁止的项目　　　表 6-2

序　号	应停检或锁止的项目	备　注
1	分析仪预热 30min 内每一通道调零及量程读数未稳定在误差范围应锁止	
2	分析仪的零点和/或量距点的漂移量超出自动调整范围应锁止	
3	每天开机检验前的泄漏检查不合格应锁止	
4	泄漏检查合格后的低流量检查不合格应锁止	
5	低流量检查合格后,O_2 量程检查二次校准未通过应锁止	
6	低量程标准气校准未通过应锁止	
7	高量程标准气校准未通过应锁止	
8	HC 残余量检查,排放检验前未降至 7×10^{-6}vol,应锁止	
9	举升器功能自检未通过应锁止	
10	寄生功率检查未进行应锁止	
11	加载滑行检查未通过应锁止	
12	电子环境参数测试仪的自检未通过应锁止	
13	发动机转速计自检未通过应锁止	
14	底盘测功机转速传感器校准未通过应锁止	
15	底盘测功机未按规定完成预热系统,应锁止	
16	背景气检查,每次排放检验正式开始前 2min 内未达标应锁止	
17	每工况有效的 10s 内至少有 2s 的 $[CO] + [CO_2] < 6\%$ vol 应锁止	
18	每工况有效的 10s 内 NO 读数均为零应停检	
19	检验工况计时过程中发动机熄火应停检	
20	检验工况计时过程中车辆制动应停检	
21	检验工况计时过程中出现分析仪样气低流量应停检	
22	检验工况计时过程中瞬时力矩偏离设定值 ±5% 应停检	
23	检验工况计时过程中车速超差时间超过 5s 应停检	
24	不透光式烟度计零点检验结束后的满量程检验不合格应锁止	
25	中间量程滤光片检查未通过,再查量程检查仍未通过,应锁止	
26	线性检查不合格应锁止	

五、车辆外检易出现的问题

(1)外检记录的填写流于形式,未逐项校对。
(2)对车辆唯一性尤其是车辆识别码未与实车核对。
(3)基本不核实车辆的安全性。
(4)对影响排放的一些控制装置未认真检查。
(5)引车员及外检员为两人时,引车员未对车辆信息进行核实。

六、检验报告易出现的问题

(1)检验报告的格式不符合要求。

（2）报告的签发程序与管理文件的规定不一致。

（3）检验报告的唯一性编号不规范。

（4）对检验结果,环境参数的异常未严格审查。

（5）车辆关键信息记录不全。

（6）资质认证标识和编号问题。

七、人员方面易出现的问题

（1）质量负责人、技术负责人的经历、职称与相关要求不符,外聘人员专业不对口或不参与实际管理。

（2）主要负责人对相关法律、法规、标准和技术规范不熟悉。

（3）人员考核未进行档案管理。

（4）人员培训未常态化。

（5）授权签字人缺乏对检验报告评价的业务能力。

八、排放检验操作程序方面

1. 检验设备的操作中易出现的问题

（1）未认真填写设备使用记录(开/关机、故障等)。

（2）未按规定对设备进行预热。

（3）未严格按标准的规定进行自检。

2. 被检验车辆的操作程序是否按规定要求进行

1) 双怠速排放检验

（1）被检车辆处于正常状态,排气系统不得有泄漏。

（2）应在发动机上安装转速计、点火正时仪、冷却液和润滑油测温计等测量仪器。测量时,发动机冷却液和润滑油温度应不低于80℃。

（3）发动机从怠速状态加速至70%额定转速,运转30s后降至高怠速状态。将取样探头插入排气管中,深度不少于400mm。维持15s后,读取30s内的平均值。

（4）发动机从高怠速降至怠速状态15s后,读取30s内的平均值。

（5）若为多排气管时,取各排气管测量结果的算术平均值作为测量结果。

（6）若车辆排气管长度小于测量深度时,应使用排气加长管。

2) 工况检验对车辆的检查及准备

（1）检验车辆的检查。

①车辆的机械状况应良好,无影响安全或引起试验偏差的机械故障。

②车辆进、排气系统不得有任何泄漏。

③车辆的发动机、变速器和冷却系统等应无液体渗漏。

④轮胎表面磨损应符合有关标准的规定。驱动轮轮胎压力应符合生产厂的规定。

（2）检验车辆的准备。

①在发动机上安装冷却液和润滑油测温计等测试仪器。

②应关闭空调、暖风等附属装备。若有 ASR、ESP、TCS 等装置,应关闭其功能。

③车辆预热:进行试验前,车辆各总成的热状态应符合汽车技术条件的规定,并保持稳定。

3)柴油车自由加速检验

(1)车辆不能长期怠速。

(2)发动机应充分预热。

(3)检验前至少3次自由加速过程吹拂排气系统。

(4)目测排气系统不能有泄漏。

(5)取样管插深400mm(不透光法),中心线与排气管轴线平行。

(6)应在1s内,快速、连续地将加速踏板完全踩到底;重型汽车加速踏板踩到底与松开的间隙时间至少2s。

(7)两次测量的等待时间至少10s。

(8)计算结果取后3次平均值,可以忽略与均值相差很大的测量值(不透光法)。

九、常见的违规操作

在以上机动车检验检测机构监管中易出现的问题,必须严肃认真对照检查、防止造假作弊。常见的违规操作有:"偷鸡摸狗"(拔管、堵管、降重、降功、漏气等)、"暗度陈仓"(使用造假软件、篡改数据、报告)、"移花接木"(更换装置)、"偷梁换柱"(变更方法)、"李代桃僵"(替检)等,这些违规现象既有机动车驾驶员主观作弊,也有个别机动车检验机构串通作弊。

十、机动车尾气排放检验反作弊策略

机动车作弊大多数情况下,通过人工检验就能甄别出来。例如:打孔法,底盘检查就能发现是否存在打孔的现象;钢丝球法,会导致取样探头插入深度不够;加氧法与打孔法类似,能很容易查出;套牌法,只要认真查对 VIN 代码就能发现;加水法,只要猛踩一下加速踏板,如果大量水喷出,即可判断。因此,应提高检验员素质,消除这类机动车作弊法。为了防止采用换三元催化转换器法,可对刚刚换上的三元催化转换器打刻车牌号,防止其他机动车再次采用。

1. 反套牌作弊策略

套牌车做得再好,终究无法完美,因此必有破绽。我们在查处机动车的过程中,主要通过"一看二验三问四核"的方法,只要善于发现问题,不放过任何一个可疑点,必然有所查获。

一看,主要是看机动车的车型、号牌、行驶证、检验合格标志、保险标志。看是否属于特种车辆、工程车辆。从查处的各类运输大件车、渣土车、水泥搅拌车等特种车、工程车的情况来看,此类车套牌的情况比较多。

二验,主要是查机动车的车架号、发动机号和车辆铭牌。在对机动车的车型、号牌、行驶证、检验合格标志、保险标志进行了初步查看之后,要及时查找出车辆的车架号、发动机号和车辆铭牌并进行查验。

三问,即对驾驶员进行询问。在通过"看"和"验"后,发现机动车车型、号牌、行驶证、检验合格标志、保险标志、车架号、发动机号和车辆铭牌有出入或存在问题后,要及时对车主、驾驶员进行询问,详细了解车辆在购买、上牌、过户、改装维修、年审、补换证等的相关情况。

四核,即核查、比对。通常是在通过以上步骤后,对车辆的基本信息和外观进行网上比对。一是在全国车驾管理系统进行比对,查看车辆信息,从注册日期、发证日期、证芯编号、车辆颜色、补牌证记录、年审、检验合格标志编号等进行比对,看是否相符。一般来说,补牌证越频繁套牌的嫌疑就越大。二是在公安部交通管理局车辆公告中比对车辆外观。看实际车辆与行驶证、公告照片是否相符,基本结构出入是否较大,长、宽、高、轴距等基本参数是否一致,如果不一致,则有可能是套牌车。三是与保险公司进行比对。对该机动车的投保车号、车架号、发动机号、保单号、保险标志编号、保险锁编码等信息进行核对。四是与车辆所属车管所进行比对。在对车辆是否套牌难以确认却存在较大嫌疑,驾驶员、车主又无法提供有效信息时,我们要及时拓印机动车的车架号、发动机号,拍摄车辆照片,然后发协查函至车辆所属车辆管理部门,与该车注册登记时的档案进行比对。这也是查处套牌车最有效、最权威的方法之一。五是若怀疑该车有套牌或者盗抢嫌疑,还要及时进入全国盗抢车查询系统进行比对,必要时要通过4S店或者经销商对车辆的底盘号、变速器号、安全带编码等能识别车辆身份的信息进行发函查询该车的真实身份。

2. 通过硬件加软件反检验过程作弊

1) 硬件装置的防作弊方法

在检验机构尾气排放检测线的各设备端口间分别加装前端数据采集器,直接从各个检测设备中采样原始数据,从而保证检测数据的原始性。前端数据采集器作为前端原始数据采集单元的硬件设备,对底盘测功机的车速信号、加载力信号一般采用电信号(模拟信号)的方式采集,而对尾气排放分析仪、不透光烟度计的信号采用串口接收数字信号。当车辆开始检测时,检测设备在向工位电脑传送数据的同时,将采集的数据发送到前端数据采集器中。所有信号由采集器收集整理后定时发往监管服务器。前端数据采集器独立于检测系统,直接将数据传送至监控系统中,该数据可作为判断检测站是否作弊的原始依据,系统可根据上传机动车的检测时间提取相对应的数据流进行分析,从而判断是否存在作弊现象。

2) 软件装置的防作弊方法

为了保证前端数据采集器采集的数据真实有效,必须要保证监控检测工位检测软件以及有关配置的真实性,为此,通过在每个尾气排放检测工位安装一个工位代理软件来完成数据采集和程序状态监控。

代理程序对检测工位状态进行监控,防止不按操作规范进行的检测出现,例如底盘测功机不预热、尾气排放分析仪不预热等。检测结束后通过和工位程序的通信,得到最终的检测结果,同时将检测结果和其对应的过程数据、实时数据一起打包进行数据上传,这样在同时具备过程数据、实时数据、检测结果的情况下,环保监控中心可非常容易地筛选出非法数据。

代理程序还具备检测日志监控功能和对工位程序仲裁的能力。一旦有新的日志则自动将日志保存并上传。这样,通过工位代理程序,就可完全实现对过程数据、结果数据的有效采集并对检测日志实现监控。

3. 借助视频监控手段,实现对检测过程的实时监管

视频具备远程、实时及视频记录等特点,目前已在机动车尾气排放检测监管工作中得到了良好应用。机动车尾气排放检测工作量大,检验机构多,依靠人力监管显然不切实际,因此应借助计算机技术,实现对检测过程的实时监管。

（1）借助视频对机动车进行车牌识别，保证上线检测的机动车与登录检测的机动车车牌一致。

（2）通过统计分析，将数据异常的检验机构的检测线作为视频监控的重点，有针对性地进行实时监控。此外，还可以利用视频记录功能，对历史视频回放监控，甄别其检测工作是否符合规范。

（3）将视频记录作为对违反规定的检验机构和检测人员行政处罚的证据。

4. 机动车同车型检验数据横向比较法

同款同年度的机动车，大多数行驶里程、技术状况差不多，尾气排放检验结果也差不多。通过大数据进行无差别统计分析，如果某个检验机构检验结果数据与其他检验机构的检验结果数据相差超出应有的水平，说明该机构的检验结果存在问题，应对该检验机构的检测过程、检测原始数据等进行分析判断，甄别是否作弊。

十一、相关监管部门的举措

目前常见的机动车尾气排放检验作弊手段，从完善机制和技术防范两方面入手，通过建立机动车检验诚信体系，采用视频、图像采集与识别、计算机联网监控等科学技术手段构建联网监督系统，提出了具体防范措施和可行对策，从源头、体制和技术上防范作弊行为。

各级监管部门对机动车检验工作开展事前/事中指导和事后监督，对漏检缺项、降低标准、设置门槛、出具虚假报告等违法、违规行为，按照"谁检验、谁负责，谁签字、谁负责，谁监管、谁负责"的原则，层层落实责任，确保机动车检验工作依法有序开展，切实提升机动车检验工作整体水平。

为贯彻落实2018年10月26日全国人民代表大会常务委员会修订后的《中华人民共和国大气污染防治法》（以下简称《大气法》），严格规范机动车检验机构监督检查工作，提高监督检查质量和效果，强化机动车检验机构领域事中事后监管，提升机动车检验机构检验质量，有效防范检验过程风险，依据国家相关法律法规、技术标准，针对前面介绍到"人机料环法测监"七因素进行风险评估检查，识别重要风险过程及相关检验要素。结合机动车检验行业特点，生态环境部、公安部、国家认证认可监督管理委员会发布《关于进一步规范排放检验加强机动车环境监督管理工作的通知》（国环规大气〔2016〕2号），进一步规范机动车排放检验，推进黄标车和老旧车淘汰，加快提升机动车环境监督管理水平。三部委对机动车检验机构领域进行监督管理的要求进行了明确规定，具体措施摘录如下。

（1）强化新生产机动车排放检验机构监督管理。生态环境部不再对新生产机动车排放污染申报检测机构进行核准。新生产机动车排放检验机构应当依法通过资质认定（计量认证），使用经依法检定合格的机动车排放检验设备，按照国家标准和规范进行排放检验，与生态环境部机动车排污监控中心联网，并在2016年底前实现新生产机动车排放检验信息和污染控制技术信息实时传送。

（2）推进在用车排放检验机构规范化联网。省级生态环境部门应按照《大气法》和国家有关规定，对在用车排放检验机构不再进行委托，对机构数量和布局不再控制。在用车排放检验机构申请与生态环境部门联网时，应向当地生态环境部门主动提交通过资质认定（计量认证）、设备依法检定合格的相关材料，生态环境主管部门对符合生态环境部机动车环保信息联网规范等要求的检验机构应予联网,并公开已联网的检验机构名单。

(3)加强排放检验机构监督管理。生态环境部门可通过现场检查排放检验过程、审查原始检验记录或报告等资料、审核年度工作报告、组织检验能力比对试验、检测过程及数据联网监控等方式加强检验机构监管,推进检验机构规范化运营。认证认可监管部门应加强检验机构资质认定监督管理,重点加强技术能力有效维持以及管理体系有效性的监管,确保检验数据质量。生态环境和认证认可监管部门对排放检验机构实行"双随机、一公开"(随机抽取检查对象、随机选派执法检查人员、及时公开查处结果)的监管方式,依法严肃查处违法的排放检验机构。

(4)强化排放检验机构主体责任。排放检验机构应按照《大气法》要求通过资质认定(计量认证),使用经依法检定或校准合格的设备,定期进行设备维护,按照相关规范标准进行机动车排放检验,对检验结果承担法律责任,接受社会监督和责任倒查。排放检验机构应对受检车辆的污染控制装置进行查验,重点加强营运车辆及重型柴油车环保配置查验。对伪造检验结果、出具虚假报告的检验机构,生态环境部门暂停网络连接和检验报告打印功能,并依照《大气法》有关条款予以处罚;违反资质认定相关规定的,认证认可监管部门依据资质认定有关规定对排放检验机构进行处罚,情节严重的撤销其资质认定证书。省、市生态环境部门应将在用车排放检验机构守法情况纳入企业征信系统,并将有关情况向社会公开。

(5)加强检验数据统计分析。各地生态环境部门应加强机动车排放检验数据分析,核查检验数据异常情况,分析查找原因。对于排放检验中发现的排放超标数量大、比例偏高的车型,地市级生态环境部门应逐级上报。省级生态环境部门应视具体情况启动调查机制,确认该车型新生产车辆是否超标排放,依法进行处理,并报告生态环境部。

(6)严格执行政府部门不准经办检验机构等企业的规定。要正确处理政府与市场的关系,全面推进排放检验机构社会化,严格执行党中央、国务院关于严禁党政机关和党政干部经商、办企业等规定。生态环境部门及其所属企事业单位、社会团体一律不得开办检验机构、参与检验机构经营。对已经开办、参与或者变相参与经营的,要立即停办、彻底脱钩或者退出投资、依法清退转让股份。

十二、机动车环保检测造假问题的管控措施

机动车环保检测存在检测设备控制软件造假,检测标准、检测方法、环保检测 OBD 造假,环保检测程序不合规,环保检测监管不到位等问题,这一系列问题如何应对呢?

(1)全国检测设备都安装统一规范的控制软件,检测数据经加密后直接上传生态环境部门控制中心,由控制中心出具统一编码的排放检测报告,检测结果判定不再由检测站或检测员控制。

(2)环保检测标准全国统一实行最高参考限值标准,取消最低参考限值标准。

(3)生态环境部对在用车的 OBD 系统开展一次大检查,对于 OBD 造假和不达标的汽车,除对生产厂家处罚外,还令生产厂家召回更换,直至 OBD 达标合格为止,以保证今后电子检验报告的真实性。

(4)在用车每年环保检测进行的初检、复检均应在同一检验机构进行;对于初检超标机动车,复检应采取更严格的监管,特别要对汽车污染控制装置和柴油车环保配置进行重点检

查,以有效防止检测员、"黄牛(车串串)"操控检测结果,防止车主和维修企业采取临时更换机动车污染控制装置的弄虚作假方法。

(5)建立一个有效的监管机制。机动车环保检测弄虚作假已属于严重扰乱社会秩序,严重危害人民身体健康的违法犯罪行为,必须给予严厉打击。由市场监管部门或公检法部门主管,建立重奖重罚制度,鼓励全社会参与监管,这一监管机制一旦建立,不仅广大车主和新闻媒体愿意踊跃参与监管,那些受利益驱动参与环保检测弄虚作假的车主、"黄牛(车串串)"将不敢再弄虚作假。

(6)建立真正的检测/维护(I/M)制度。世界发达国家控制机动车尾气排放污染,都是通过建立行之有效的I/M制度来实现的。我国机动车尾气排放污染更应该按照I(检测)站和M(维护)站的相关法律、法规、标准的要求,严格监管,使机动车尾气排放治理达到应有的效果。

机动车环保检验是防治机动车排气对环境的污染,打赢蓝天保卫战的重要举措,也是机动车环保性能的技术保障。面对层出不穷、花样繁多的作弊手段,首先要加强机动车检验机构责任意识和社会责任感,预防唯利是图、弄虚作假、恶性竞争,培养车主环保观念,建立多方参与的诚信体系,从源头杜绝作弊行为;其次,要通过建立硬件加软件监控系统,提高监管有效性,弥补监管方人力不足带来的监管缺失,从技术上防范作弊行为,真正做到"靠技术执法,用数据说话"。总之,机动车检验监管是一项系统工程,是一个社会问题,唯有不断完善监管机制,营造诚信环境,辅之技术监督,方能治标治本。

第七章　机动车排放污染物超标治理维修

第一节　机动车排放污染物超标的原因简介

一、一氧化碳超标

引起一氧化碳(CO)超标的可能原因主要有以下几点:怠速转速过低、混合气过浓、过量空气系数调节错误和催化转换器转换不足,其中混合气过浓是 CO 浓度超标的主要影响因素。

CO 生成主要是发动机供给系统供给过浓混合气造成在缸内燃烧不完全,分析其超标原因有:

(1)进气系统故障。空气滤清器堵塞或进气管出现积炭等故障使进气不畅,导致混合气过浓,燃烧不完全。

(2)点火系统故障。火花塞老化、缸线老化漏电、分电器盖触点氧化、分火头氧化、高压包故障、线路故障、点火正时过晚等造成混合气不完全燃烧。

(3)燃油供给系统故障。喷油嘴积炭,雾化不良,漏油。油泵及油压调节器故障导致喷油量增大。

(4)机械故障。进排气门封不严、汽缸磨损窜气、气门油封漏油等导致压缩比下降,燃油及氧气无法完全混合,燃烧不好。

(5)排气系统故障。三元催化转换器失效、拥堵或三元催化转换器前段漏气导致排气不畅,及三元催化转换器无法达到最好工作温度。

(6)排放控制系统故障。包括废气再循环(EGR)系统故障、曲轴强制通风(PVC)系统故障、燃油蒸发控制(EVAP)系统故障等,导致混合气失控。

(7)电器系统故障。水温传感器、氧传感器、进气歧管绝对真空、压力传感器、空气流量计、曲轴位置传感器等出现故障时发动机电脑无法精准控制空燃比。

二、碳氢化合物超标

碳氢化合物(HC)生成原因是发动机供给的混合气过浓或过稀在缸内燃烧不完全或未燃烧的燃油直接排出,分析其超标原因与 CO 超标原因略同,唯一不同是混合气过稀也能导致 HC 超标,如喷油嘴雾化不良时,汽油与空气无法完全混合,造成有液态或半液态的燃油直接排出汽缸,导致 HC 严重超标。

三、氮氧化合物超标

根据氮氧化合物(NO_x)生成的特性(富氧+高温),分析其超标原因有:

(1)进气系统漏气,导致燃烧室富氧状态。

(2)燃烧室高温积炭过多,燃烧室容积减小,爆炸力度加大,严重时会有爆燃现象,使燃烧室温度急剧上升。

(3)冷却系统故障,水温偏高,导致汽车在高温下工作。

(4)三元催化转换器"中毒"或失效。

(5)带有废气再循环系统(EGR)的车辆如此系统故障会严重影响NO_x排放。

四、过量空气系数超标

过量空气系数(λ)是通过机动车尾气分析仪测量的各种废气浓度,依据 GB 18285—2018 标准中提供的计算公式计算出来的,如果车辆的进排气系统有泄漏或测量管路有泄漏,所检测到的数据是被外部空气稀释的尾气,CO 和 HC 的测量值降低,自然就不能反映该车的尾气真实浓度,所以尾气检测中还要监测过量空气系数(λ)。

过量空气系数(λ)是指燃烧 1kg 燃料的实际空气量与理论上所需空气量的质量比。λ理想状态为1,限值 0.97~1.03,小于1是浓混合气,大于1是稀混合气。当发动机供给浓混合气时($\lambda < 1$),废气中 NO_x 减少而 CO、HC 增加;当供给稍稀混合气时($1 < \lambda < 1.1$),废气中 CO、HC 减少而 NO_x 增加;当供给稀混合气时($\lambda > 1.1$)废气中 NO_x、CO 减少而 HC 增加。

过量空气系数(λ)超标是一个综合性故障,必须全面分析其产生的原因,主要从混合气过稀这个角度来考虑。

1.进气系统的泄漏

空气流量计之后漏气、真空系统管路漏气、炭罐电磁阀工作不正常或漏气。

2.排气系统泄漏

排气歧管漏气、排气管接口垫漏气、三元催化转换器接口漏气、消声器漏气。

3.燃油喷射系统

燃油滤清器阻塞、燃油泵压力不足、各种传感器失准、喷油器阻塞或喷油器安装不当垫片损坏等都可能导致混合气过稀。

五、柴油车颗粒物超标

柴油机颗粒物主要是指柴油发动机排放的炭烟、可溶性有机物和硫酸盐,在高温和局部缺氧的条件下经过热裂解,聚集形成团絮状的颗粒物。柴油机颗粒物的生成是"高温缺氧成核,低温聚合成烟",一旦超标可从以下几个方面分析原因。

(1)柴油机进气系统:进气系统空气滤清器及管路阻塞,积炭过多造成进气不畅。

(2)供油系统故障:喷油泵失调、喷油器积炭造成雾化不良、喷油压力过大等。

(3)机械故障:汽缸磨损、缸压不足、气门关闭不严、烧机油、零部件损坏等属发动机自身原因。

（4）柴油品质低下，达不到国标柴油的要求。特别是劣质柴油在发动机内产生大量沉积物，燃烧效率低易氧化产生胶质、积炭、堵塞喷油嘴、改变喷油雾化和方向易产生炭烟造成排放超标。

第二节　一氧化碳超标治理

机动车进行环保检测发现一氧化碳（CO）超过限值时，即判定环保检测不合格，应到 M 站进行维修治理。

一、一氧化碳的生成机理

CO 是烃燃料在燃烧过程中生成的中间产物，汽车排放污染物中 CO 的产生是燃油在汽缸中燃烧不充分所致。根据燃烧化学反应，烃燃料完全燃烧的产物为 CO_2 和 H_2O，即：

$$C_mH_n + \left(m + \frac{n}{4}\right)O_2 \longrightarrow mCO_2 + \frac{n}{2}H_2O \tag{7-1}$$

当空气量不足时，则有部分燃料不能完全燃烧，生成 CO 和 H_2，即：

$$C_mH_n + \frac{m}{2}O_2 \longrightarrow mCO + \frac{n}{2}H_2 \tag{7-2}$$

换言之，当空气量不足时，燃料中的碳不能完全氧化燃烧，从而形成不完全氧化物 CO。

但是在空气量充足的情况下，汽车尾气仍然会产生部分 CO。这是因为 CO_2 和 H_2O 在高温下会离解为 CO 和 H_2，H_2 与 CO_2 也能反应，形成 CO，即：

$$CO_2 \xrightarrow{\text{吸热}} CO + \frac{1}{2}O_2 \tag{7-3}$$

$$H_2O \xrightarrow{\text{吸热}} H_2 + \frac{1}{2}O_2 \tag{7-4}$$

$$CO_2 + H_2 \longrightarrow CO + H_2O \tag{7-5}$$

除上述原因外，发动机前后循环之间燃料分配不均匀，各缸之间燃料分配不均匀，在稀混合气中可能存在着局部浓混合气等，都可能在发动机燃烧过程中产生 CO。简言之，CO 的生成是"高温缺氧"造成的。

二、一氧化碳超标的检查方法

出现 CO 超标的原因很多（见第七章第一节），关键是结合车辆的具体状况，本着"先易后难，从外向内"的原则逐步进行检查。

（1）进气系统：检查进气系统有无阻塞，如空滤器、节气门、空气流量计是否畅通或损坏。

（2）点火系统：高压包故障、线路老化、高压触点氧化、点火正时故障等都会造成燃烧不正常。

（3）燃油喷射系统：雾化不良、滴油、喷油压力失准等会使供油过多燃烧不完全。

（4）排气系统：重点是检查三元催化转换器是否工作正常，其失效、中毒将不能发挥净化作用。

三、一氧化碳超标的治理措施

1.做好清洗工作

(1)清洗空气滤清器滤芯,用压缩空气反吹滤芯,若太脏应更换新滤芯保证进气畅通。

(2)清洗节气门。当发动运转时,使用一罐专用清洗剂以雾状喷入进气口进行清洗,节气门、进气道的污物燃烧后由排气管排出。

(3)清洗火花塞。将火花塞拆下检查,若已老化或破损应更换,若积炭过多应清除积炭,调整火花塞间隙后再安装。

(4)清洗喷油嘴。将喷油嘴拆下在专用设备上洗清,修正喷油压力再安装。

(5)清洗三元催化转换器。采用吊瓶把专用三元催化清洗剂倒入吊瓶内,将吊瓶软管接到发动机真空管上,利用发动机真空吸力,开启吊瓶开关并控制流速,将清洗剂吸入汽缸内燃烧,可将缸内积炭和三元催化转换器内的污物清洗干净,恢复三元催化转换器的原有功能。

2.采用仪器设备检查

(1)使用电脑解码仪检查氧传感器、进气压力传感器,一旦损坏直接影响空燃比的控制作用,使燃烧不充分,油耗明显上升,所以应更换新件修复。

(2)使用红外线测温仪检测三元催化转换器两端的温差,作用良好的三元催化转换器两端温差是38℃左右且前低后高,若不符合这个说明三元催化转换器中毒或已损堵。

(3)用汽缸压力表检测发动机各缸气压是否符合该发动机的缸压要求,否则会导致各缸工作不良,排出的废气超标。

(4)用真空表测定该发动机的进气真空度,一旦有泄漏,真空度降低也直接会使缸内燃烧不充分,未燃烧部分排出造成 CO 超标。

第三节　碳氢化合物超标治理

机动车进行环保检测发现碳氢化合物(HC)超过限值时,即判定环保检测不合格,应到 M 站进行维修治理。

一、碳氢化合物的生成机理

内燃机排放的 HC 种类繁多,其中含量最多的是甲烷(CH_4),其他还包括各种含氧有机化合物,如醇类、醛类、酮类、酚类、酯类及其他衍生物(尤其是当内燃机使用含氧代用燃料如甲醇汽油时,这些排放物较多)。包含有甲烷的 HC 称为总碳氢化合物(THC),不包含甲烷的 HC 称为非甲烷碳氢化合物(HC)。

对汽油机而言,非甲烷碳氢化合物(HC)一般只占 THC 排放物的百分之几;而在柴油机中,醛类就可能占 THC 的10%左右,而醛类中的甲醛约20%,因此使柴油机排气比汽油机排气对人更具刺激性。

1.车用汽油机未燃 HC 的生成机理与后期氧化

汽油机燃烧室中 HC 的生成主要有以下几条途径:第一是多种原因造成的不完全燃烧,第二是燃烧室壁面的淬熄效应,第三是燃烧过程中的狭隙效应,第四是燃烧室壁面润滑油膜和沉积物对燃油蒸气的吸附和解吸作用。

1) 不完全燃烧(氧化)

在以预均匀混合气为燃料的汽油机中,HC 与 CO 一样,也是一种不完全燃烧(氧化)的产物。大量试验表明,碳氢燃料的氧化根据其温度、压力、混合比、燃料种类及分子结构的不同而有着不同的特点。各种烃燃料的燃烧实质是烃的一系列氧化反应,这一系列氧化反应有随着温度而拓宽的一个浓限和稀限,混合气过浓或过稀及温度过低,将可能导致燃烧不完全或失火。

发动机在冷起动和暖机工况下,由于其温度较低,混合气不够均匀,导致燃烧变慢或不稳定,火焰易熄灭;发动机在怠速及高负荷工况下,可燃混合气的浓度处于过浓状态,加之怠速时残余废气系数大,将造成不完全燃烧或失火;汽车在加速或减速时,会造成暂时的混合气过浓或过稀现象,也会产生不完全燃烧或失火。即使当空燃比大于 14.7 时,由于油气混合不均匀,造成局部过浓或过稀现象,也会因不完全燃烧而产生 HC 的排放。更为极端的情况是发动机的某些汽缸缺火,使未燃烧的可燃混合气直接排入排气管,造成未燃 HC 的排放急剧增加,故汽油机点火系统的工作可靠性对减少未燃 HC 的排放量是至关重要的。

2) 壁面淬熄效应

在燃烧过程中,燃气温度高达 2000℃ 以上,而汽缸壁面温度在 300℃ 以下,因而靠近壁面的气体受低温壁面的影响,其温度远低于燃气温度,且气体的流动性也较弱。壁面淬熄效应是指壁面对火焰的迅速冷却导致化学反应变缓,当汽缸壁上薄薄的边界层内温度降低到混合气自燃温度以下时,导致火焰熄灭,结果火焰不能一直传播到燃烧室壁面,边界层内的混合气未燃烧或未燃烧完全就直接进入排气而形成未燃 HC,此边界层称为淬熄层。当发动机正常运转时,淬熄层厚度在 0.05 ~ 0.4mm 范围内变动,在小负荷或温度较低时淬熄层较厚。

在正常运转工况下,淬熄层中的未燃 HC 在火焰前锋面掠过后,大部分会扩散到已燃气体主流中,在缸内基本被氧化,只有极少一部分成为未燃 HC 排放。

但在发动机冷起动、暖机和怠速等工况下,因燃烧室壁面的温度较低,形成的淬熄层较厚,同时已燃气体的温度较低及混合气较浓,使 HC 得后期氧化作用减弱,因此壁面淬熄是此类工况下未燃 HC 的重要来源。

3) 狭隙效应

在内燃机燃烧室内有各种狭窄的间隙,如活塞、活塞环与汽缸壁之间的间隙,火花塞中心电极与绝缘子根部周围的狭窄空间和火花塞螺纹之间的间隙,进排气门与气门座面形成的密封带狭缝,汽缸盖垫片处的间隙等。当间隙小到一定程度时,火焰不能进入便会产生未燃 HC。

在压缩过程中,缸内压力上升,未燃混合气挤入各间隙中,这些间隙的容积很小但具有很大的面容比,因此进入其中的未燃混合气通过与温度相对较低的壁面进行热交换而很快被冷却。燃烧过程中缸内压力继续上升,又有一部分未燃混合气进入各间隙。当火焰到达间隙处时,火焰有可能进入间隙,使其内的混合气得到全部或部分燃烧(当入口较大时);但火焰也有可能因淬冷而熄灭,使间隙中的混合气不能燃烧。随着膨胀过程的开始,汽缸内的压力不断下降,当缝隙中的压力高于汽缸压力时,进入缝隙中的气体将逐渐流回汽缸。但这时汽缸内的温度已下降,氧的含量也很低,流回缸内的可燃气再被氧化的比例不大,大部分会原封不动地排出汽缸。狭隙效应造成的 HC 排放可占 HC 排放总量的 50% ~70%,因此狭隙效应被认为是 HC 生成的最主要来源。

4)润滑油膜和沉积物对燃油蒸气的吸附与解吸

在发动机的进气过程中,汽缸壁面的润滑油膜及沉积在燃烧室内的多孔性积炭会溶解和吸收进入汽缸的可燃混合气中的 HC 蒸气,直至达到其环境压力下的饱和状态。这一溶解和吸收过程在压缩和燃烧过程中的较高压力下继续进行。在燃烧过程中,当燃烧室燃气中的 HC 浓度由于燃烧而下降至很低时,油膜或沉积物中的燃油蒸气开始逐步脱附释放出来,向已燃气体解吸,此过程将持续到膨胀和排气过程。一部分解吸的燃油蒸气与高温的燃烧产物混合并被氧化,其余部分与较低温度的燃气混合,因不能氧化并随已燃气体排出汽缸而成为 HC 排放源。据研究,这种由油膜和积炭吸附产生的 HC 排放占 HC 排放总量的 35% ~50%。

这种类型的 HC 排放与燃油在润滑油或沉积物中的溶解度成正比。使用不同的燃料和润滑油,对 HC 排放量的影响不同,如使用气体燃料则不会生成这种类型的 HC。润滑油温度升高,使燃油在其中的溶解度下降,于是降低了润滑油在 HC 排放中所占的比例。另外,试验表明,当发动机使用含铅汽油时,燃烧室积炭可使 HC 排放量增加 7% ~20%,消除积炭后,HC 排放量明显降低。

5)HC 的后期氧化

在内燃机燃烧过程中未燃烧的 HC,在以后的膨胀、排气过程中会不断从间隙容积、润滑油膜、沉积物和淬熄层中释放出来,重新扩散到高温的燃烧产物中被全部或部分氧化,这一过程称为 HC 的后期氧化,其主要包括:

(1)汽缸内未燃 HC 的后期氧化。在排气门开启前,汽缸内的燃烧温度一般超过 950℃。若此时汽缸内有氧可供后期氧化,则 HC 的氧化将很容易进行。

(2)排气管内未燃 HC 的氧化。排气门开启后,缸内未被氧化的 HC 将随排气一同排放到排气管内,并在排气管内继续氧化。

2. 车用柴油机未燃 HC 的生成机理

柴油机与汽油机的燃烧方式和所用燃料不同。柴油机在接近压缩终了时才喷射燃油,燃油空气混合物分布不均匀;柴油机的燃料以高压喷入燃烧室后,直接在缸内形成可燃混合气并很快燃烧,燃料在汽缸内停留的时间较短,因此缝隙容积内和汽缸壁附近多为新鲜空气。换言之,缝隙容积和激冷层对柴油机未燃 HC 排放量的影响相对汽油机来说小得多。这也就是柴油机未燃 HC 排放浓度一般比汽油机低得多的主要原因。当然,如果燃油喷雾特性与缸内气流运动特性匹配不好,使得燃油被喷射到壁面上,也会由于吸附和淬熄效应,造成 HC 排放增高。

一般柴油机中产生 HC 的主要原因是混合不均匀,以及在燃烧过程后期低速离开喷油器的燃油混合及燃烧不良。

1)混合不均匀

如上所述,柴油机混合气的浓度分布极不均匀,在超出着火界限的过浓或过稀混合气区域,会产生局部失火。如靠近喷油射束中心区域会形成过浓混合气,而喷油射束的周边区域会因过度混合而产生过稀混合气。

2）喷油器压力室容积的影响

由于制造工艺的需要,一般喷油器针阀密封座面以下有一小空间,称为压力室。所谓压力室容积实际上还包括各喷孔的容积。

喷油结束时,压力室容积中充满燃油,随燃烧和膨胀过程的进行,这部分柴油被加热和气化,并以液态或气态低速进入燃烧室内。由于这时混合及燃烧速度都极为缓慢,使得这部分柴油很难充分燃烧和氧化,从而导致大量的 HC 产生。一般认为,由压力室容积造成的 HC 排放占了 HC 排放总量的 3/4。

同理,二次喷射或后滴等不正常喷油也会造成 HC 排放的上升。

3. 非排气 HC 的生成机理

在汽车排放到大气中的 HC 总量中,当未采取防治措施时,约 60% 是在燃烧过程中产生并经排气管排出的,20% 来自曲轴箱窜气,20% 来自燃油系统蒸发,后两者总称为非排气 HC。

1）曲轴箱窜气

曲轴箱窜气是指在压缩和燃烧过程中,由活塞与汽缸壁之间的间隙窜入曲轴箱的油气混合气和已燃气体,与曲轴箱内的润滑油蒸气混合后,由通风口排入大气的污染气体。柴油机窜气中的未燃成分较少,而汽油机属于预均质混合气燃烧,因而其窜气中含有较浓的未燃 HC。

2）燃油系统蒸发

从汽油机和其他轻质液体燃料发动机的燃油系统,即从燃油箱、燃油管接头等处蒸发的燃油蒸气,如果进入大气,同样会构成 HC 排放物,称为蒸发排放物。汽油配售、储存和加油系统如无特别防止蒸发的措施,则会产生大量蒸发排放物。由于汽油的挥发性远强于柴油,因而一般所说的燃油蒸发污染主要是指汽油车。

燃油蒸发也是一种燃料损失,因而也称为蒸发损失。汽油车的蒸发损失主要来源于两种情况:连续停车时由昼夜温差造成的昼夜间换气损失,以及行驶期间由温度及行驶工况变化造成的运转损失。

总而言之,HC 的产生原理虽然较为复杂,但基本上可以归纳为燃料在空气中燃烧时,由于"遇冷未燃"而形成。

二、碳氢化合物超标的检查方法

导致碳氢化合物(HC)超标的原因很多(见第七章第一节),关键是必须结合车辆的具体情况,本着"先易后难,从外到内"的原则,逐步进行检查。HC 超标的特点是发动机供给的混合气过浓、过稀都会造成,所以这里重点介绍过稀混合气或燃烧不完全和未燃烧的汽油直接排出。

利用五气分析仪对排气中的氧含量进行测量,确定混合气比例,当混合气过浓时,其治理与 CO 治理相同。但应注意废气再循环(EGR)系统及燃油蒸发控制(EVAP)系统故障能严重影响 HC 的排放。

当混合气过稀或有未燃烧汽油直接排放时,主要检查点火系统的工作状况及喷油嘴是否有雾化不良或滴漏油现象发生。

检查三元催化转换器是否拥堵、中毒或失效,无法净化废气时应对其进行清洗或更换。

三、碳氢化合物超标的治理

首先对点火系统进行外观检查,检查高压包有无故障、高压线有无老化破裂、各触点有无氧化、火花塞工作状况,再起动发动机断火检查各缸工作状况是否良好,否则应更换有故障的部件。

利用免拆卸清洗机(氢氧除碳机)对喷油器、火花塞及进、排气道的积炭进行清除(按设备使用说明书进行操作)。

对三元催化转换器进行清洗。使用专用清洁剂以吊瓶形式通过点滴(发动机怠速运转)或线流(发动机中速运转)两种模式进行清洗,一般用完一瓶即可。若三元催化转换器中毒严重,可拆下采用强力药物浸泡激活再使用。若完全失效则应换新。

上述方法仍无法解决则应彻底对发动机进行拆解修理。

第四节　氮氧化合物超标治理

机动车进行环保检测发现氮氧化合物(NO_x)超过限值时,即判定环保检测不合格,应到M站进行维修治理。

一、氮氧化物的生成机理

NO_x 包括 NO、NO_2、N_2O_3、N_2O、N_2O_5、N_2O_4 及 NO_3,其中对环境危害最大的是 NO 和 NO_2。内燃机排气中的 NO_x 污染,主要是指 NO 及 NO_2 污染,其中 NO_2 的含量比 NO 低得多,大约为 5%(体积分数),所以对 NO_x 的研究主要是针对 NO。

燃烧过程中 NO 的生成有三种方式,根据产生机理的不同分别称为热力型 NO(也称为热 NO 或高温 NO)、激发 NO 及燃料 NO。在三种生成方式中,燃料 NO 的生成量极少,因而可以忽略不计;激发 NO 的生成量也较少,且反应过程尚不完全明了,也可暂不考虑。因此可以认为,高温 NO 是 NO 的主要来源。

1. 高温 NO

高温 NO 的生成是在高温条件下,氧分子(O_2)裂解成氧原子 O,氧原子 O 与氮分子(N_2)反应生成氮原子(N)和 NO,生成的氮原子(N)继续与氧分子(O_2)反应,又形成氧原子 O 和 NO,即:

$$O_2 \xrightarrow{\text{高温裂解}} 2O \tag{7-6}$$

$$N_2 + O \longrightarrow N + NO \tag{7-7}$$

$$N + O_2 \longrightarrow O + NO \tag{7-8}$$

上述生成机理是由苏联科学家捷尔杜维奇(Zeldovich)于 1946 年提出的,因此也称为捷氏反应机理。此反应只有在高于 1600℃ 的高温下才能进行,因此也称为高温 NO 生成机理。

促使上述反应正向进行并生成 NO 的因素有以下三个:

（1）温度。高温时，NO 的平衡浓度高，生成速率也大。在氧充足时，温度是影响 NO 生成的重要因素。

（2）氧的浓度。在高温条件下，氧的浓度是影响 NO 生成的重要因素。在氧浓度低时，即使温度高，NO 的生成也会受到抑制。

（3）反应滞留时间。由于 NO 的生成反应比燃烧反应慢得多，所以即使在高温下，如果反应停留时间短，NO 的生成量也会受到限制。

高温 NO 在火焰的前锋面和离开火焰的已燃气体中生成。发动机的燃烧在高压下进行，其燃烧过程进行得很快，反应层很薄（约 0.1mm）且反应时间很短。早期燃烧产物受到压缩随温度上升，使得已燃气体的温度高于刚结束燃烧的火焰带温度，因此，除了混合气很稀的区域外，大部分 NO 在离开火焰带的已燃气体中发生，只有很少部分的 NO 是产生在火焰带中。也就是说，燃烧和 NO 的产生是彼此分离的，NO 主要在已燃气体中生成。

而生成 NO 的反应平衡需要相当长的时间。内燃机是一种高速燃烧的热能机械，其整个燃烧过程经历的时间极短（只有几毫秒），温度的上升和下降都很迅速。尽管 NO 的生成（正向反应）没有达到平衡浓度，可是 NO 分解（逆向反应）所需的时间也不足，所以在膨胀做功过程的初期反应就冻结了，使 NO 以不平衡状态时的浓度被排出。从燃料的燃烧过程看，最初燃烧部分（火花塞附近）生成的 NO 约占其最大浓度的 50%（其中有相当部分后来被分解），随后燃烧的部分所生成 NO 的浓度很小，且几乎不再分解。

因此，高温 NO 的生成与温度、氧浓度以及反应滞留时间密切相关，"高温富氧长停留"会造成高温 NO 排放的剧增。同时，高温 NO 也是汽车排放中 NO 的主要来源。

2. 激发 NO

激发 NO 的生成机理是在 20 世纪 70 年代初才被提出的。首先由 HC 化合物裂解出的 CH 和 CH_2 等与 N_2 反应，生成 HCN 和 NH 等中间产物，并经过生成 CN 和 N 的反应，最后生成 NO。由于上述反应的活化能很小，且反应速度很快，因此并不需要很高的温度就可进行。

激发 NO 的生成主要受三个因素的控制：第一是燃料中 HC 化合物分解为 CH 等原子团的多少，第二是 CH 等原子团与 N_2 反应生成氮化物的速率，第三是氮化物之间相互转换的速率。激发 NO 主要发生在预混合富燃料混合气中，与停留时间无关，也与温度、燃料类型、混合程度无关。

发动机中，在过量空气系数 $\lambda < 1$ 的过浓条件下容易产生激发 NO，主要产生于汽油机燃烧火焰前锋面上，其发生量随过量空气系数 λ 的减小而增大。但就燃烧过程中 NO 的生成总量来看，激发 NO 只占很小的比例。

3. 燃料 NO

燃料中的氮化合物分解后生成 HCN 和 NH_3 等中间产物，并逐步生成 NO，这一反应过程在温度小于等于 1600℃ 的条件下即可进行。在内燃机的常规燃料中，汽油可视为基本不含氮，而柴油的含氮率仅为 0.002% ~ 0.03%（质量分数），因而燃料 NO 的生成量极小，几乎可以忽略不计。

综上所述，在 NO 生成的三种方式中，燃料 NO、激发 NO 的生成量较少，可暂不考虑。因此可以认为，高温 NO 是 NO_x 的主要来源。

二、氮氧化合物超标的检查方法

出现氮氧化合物（NO_x）超标的原因很多（见第七章第一节），关键是结合车辆的具体情况，本着"先易后难，从内到外"的原则逐步进行检查。氮氧化合物（NO_x）主要是发动机供给的可燃混合气在燃烧室内处于富氧＋高温环境下生成的产物。

（1）首先外观检查排气管是否有因烧机油而引起的积炭存在，检查进气系统有无漏气，检查水温是否正常，检查散热器是否散热不良、风扇皮带的张力是否符合标准等。

（2）使用设备仪器检查。用内窥镜查看燃烧室内是否积炭过多，用真空表检查进气真空度，如有泄漏其真空度会降低，用燃油压力表检查各缸的喷油压力是否符合规定。

三、氮氧化合物超标的治理

（1）首先排除进气系统无漏气现象，如进气管路破损、垫片损坏、卡箍松脱等，确保空燃比正常。

（2）检查发动机工作温度是否正常，如节温器、散热器、水泵、风扇带等有无故障，防止发动机温度过高。

（3）使用氢氧除碳机对发动机进行不解体除炭作业，可清除燃烧室内及排气管道内的积炭。

（4）拆检废气再循环系统中的 EGR 阀是否卡死在关闭或开启位置。

（5）必要时拆卸全部火花塞和喷油器，查看工作状况及油嘴是有卡滞现象。

（6）使用红外测温仪检查三元催化转换器前后的温差是否在 38℃ 左右（前低后高），否则转换器失效，应更换新件。

（7）排气系统有漏气点会导致混合气意外修正也可能造成排放超标。

总而言之，汽油车发动机工作温度正常，空燃比控制正常，混合气在缸内燃烧完全，三元催化转换器工作良好的情况下尾气均可达标。所以三元催化转换器的工作对发动机排放污染物的控制至关重要，M 站有责任和义务向广大车主灌输三元催化转换器维护的理念。

第五节　过量空气系数超标治理

机动车进行环境检测发现过量空气系数（λ）超过限值时，即判定环保检测不合格、应到 M 站进行维修治理。

一、过量空气系数超标的检查方法

过量空气系数（λ）超标是一个综合性的故障，必须全面分析（见第七章第一节），结合车辆的具体情况，本着"先易后难，从外向内"的原则逐步进行检查，并从混合气过稀的角度进行。

（1）进气系统：重点是检查空气流量计之后是否漏气，是否有额外的空气进入，连接软管是否老化、松动或脱落，密封垫有无损坏及漏气现象，炭罐真空控制连接管及吸附管路有无脱落或漏气，制动真空助力器连接管及单向阀有无泄漏。可通过拔下真空管，观察发动机工作状况有无变化，或堵死每根真空管再测发动机尾气，在检测仪显示屏上看 CO 和 HC 有无变化,若无变化,进气系统无泄漏现象。

(2)排气系统:重点是检查有无漏气之处,如排气歧管垫、接口垫、三元催化转换器接口垫、中节消声器、尾节消声器有无破损等。

(3)燃油喷射系统:重点是检查燃油滤清器和喷油器有无堵塞、供油压力是否偏低,这些均会造成缸内混合气过稀,发动机工作失常。

二、过量空气系数超标的治理

(1)首先排除进气系统的漏气现象,按照检查出来的故障部位,紧固或更换老化的真空软管及密封垫片,防止额外空气进入进气系统。通过电脑解码器检查空气流量传感器和氧传感器的工作状况,必要时应更换。

(2)修复排气系统的漏气部位,更换已破损的部件。

(3)采用燃油压力表测试燃油喷射压力,并调整到规定范围内,检查喷油器喷油量的均匀性和密封性,必要时调整或更换喷油器。

第六节　柴油机颗粒物超标治理

柴油车进行环保检测发现颗粒物(PM)超过限值,即判定环保检测不合格,应到 M 站进行维修治理。

一、柴油机颗粒物的生成机理

柴油机的颗粒物排放量一般比汽油机大几十倍。对于轿车和轻型车用的柴油机,其颗粒物排放量为 $0.1 \sim 1.0 \mathrm{g/km}$ 的数量级;对于重型车用柴油机,其颗粒物排放量为 $0.1 \sim 1.0 \mathrm{g/(kW \cdot h)}$ 的数量级。

1. 颗粒物的成分

柴油机颗粒物是由三部分组成的,即干炭烟(DS)(一般简称为炭烟)、可溶性有机物(SOF)和硫酸盐,分别约占颗粒物排放质量分数的 55% 、40% 和 10%。柴油机颗粒物的组成取决于运转工况,尤其是排气温度。当排气温度超过 500℃ 时,颗粒物基本上是碳微球(含有少量氢和其他微量元素)的聚集体,即为炭烟(DS)。当排气温度较低时,炭烟会吸附和凝聚多种有机物,称为可溶性有机物(SOF)。当柴油机在高负荷下工作时,炭烟在颗粒物中所占的比例升高,部分负荷时则降低。

炭烟是柴油机颗粒物的主要组成部分,炭烟产生的条件是高温和缺氧,由于柴油机混合气极不均匀,尽管总体是富氧燃烧,但局部的缺氧还是导致了炭烟的形成。SOF 又可根据来源不同分为未燃燃料和未燃润滑油成分,两者所占比例随柴油机的不同而异,但一般可认为大致相等。

近年来,随着油气混合过程的改善和柴油高压喷射技术的应用,颗粒物和炭烟的总排放量有明显下降,但 PM2.5 以下粒径较小的颗粒物所占的比例却在增大。

2. 炭烟的形成过程

柴油机排放的烟粒主要由燃油中含有的碳产生,并受燃油种类、燃油分子中碳原子数的影响。尽管人们对燃烧烟粒的生成问题进行了大量的基础研究,但关于柴油机燃烧过程中烟粒的生成机理至今仍不是很清楚。因为这涉及成分很复杂的燃油在三维空间的强湍流混合气中以及在高温高压下发生的不可再现的反应过程。

一般认为,柴油在高压高温(2000~2200℃)、局部缺氧的条件下,经过热裂解,复杂的 HC 逐步脱氢成为简单的 HC,产生多种中间产物,然后进一步裂解和脱氢成为活性较强的乙炔(C_2H_2)。乙炔再经聚合脱氢、裂解,基团聚合成固体炭烟胚核。之后,反应分成高温和低温两个途径:在大于 1000℃ 的高温情况下,经过聚合、环构化和进一步脱氢形成具有多环结构的不溶性炭烟成分,最后形成六方晶格的炭烟晶核;在低于 1000℃ 时,经过环构化和氧化,也形成炭烟晶粒,再经不断聚集长大为炭烟。柴油机烟粒的生成和长大过程般可分为以下两个阶段:

(1)烟粒生成阶段。燃油中烃分子在高温缺氧的条件下发生部分氧化和热裂解,生成各种不饱和烃类,如乙烯、乙炔及其他较高阶的同系物和多环芳烃。它们不断脱氢,聚合成以碳为主的、直径为 2nm 左右的炭烟核心(晶核)。

(2)烟粒长大阶段。气相的烃和其他物质在这个晶核表面凝聚,以及晶核相互碰撞,发生聚集,使炭烟粒子增大,成为直径 20~30nm 的炭烟基元。最后,炭烟基元经聚集作用堆积成粒度在 1μm 以下的链状或团絮状聚集物。

炭烟的生成与燃烧区域的过量空气系数及燃烧火焰温度有密切的关系。当在极浓混合气下且在 1600~1700K 的温度范围内,烟粒生成比例达到最大值。在过量空气系数 $\lambda < 0.5$ 时,燃烧必定产生烟粒,而 NO_x 在浓混合气下生成较少,只有当过量空气系数 λ 在 0.6~0.9 之间时,烟粒与 NO_x 均会较少生成,当 $\lambda > 0.9$ 时,NO_x 的生成量增加,当 $\lambda < 0.6$ 时,烟粒的生成量增加。这就是柴油机排气中,炭烟和 NO_x 的排放规律不同,而又存在互相矛盾的变化趋势(剪刀差)的原因。

着火前(滞燃期),喷入汽缸的燃油先和空气混合,然后才燃烧。这部分燃油的燃烧称为预混合燃烧,柴油机混合气在预混合燃烧中,由于燃油分布得不均匀,既有炭烟的形成,也有 NO_x 的形成,只有很少一部分 λ 为 0.6~0.9 的燃油不产生炭烟和 NO_x。过多的预混合燃烧会造成柴油机的压力升高率和燃烧噪声过高。

为降低柴油机排气污染物的排放和噪声,应减少预混合燃油,并尽可能将预混合燃油混合气的过量空气系数控制为 0.6~0.9。这样就要求缩短滞燃期和控制滞燃期内的燃油喷射量。

着火以后,喷入汽缸的燃油将扩散到空气或燃气中进行燃烧,这个阶段的燃烧称为扩散燃烧。此时如喷入过量空气系数 λ 低于 0.4 的燃油进入扩散燃烧,必然会产生炭烟。在温度低于炭烟形成温度的过浓混合气中,还将形成不完全燃烧的液态 HC。

为减少扩散燃烧中炭烟的形成,应避免燃油与高温缺氧燃气的混合。强烈的气流运动及燃油的高压喷射都有助于燃油和空气的混合。

燃油喷射结束后,燃气和空气进一步混合,在燃烧过程中已经形成的炭烟也同时被氧化。而加速炭烟氧化的措施与条件,往往会同时带来 NO_x 的增加。因此,为了同时降低 NO_x 的排放,控制炭烟排放应着重控制炭烟的形成。

3. 烟粒的氧化

燃烧过程(主要是扩散燃烧期)中生成的炭烟是可燃的,其中很大一部分在燃烧的后续过程中会被烧掉(氧化)。炭烟的氧化速率与温度有着密切的关系,同时还和剩余氧及其在高温下的逗留时间有关,要求的最低温度为 700 ~800℃,故只能在燃烧过程和膨胀做功过程中进行,排放的炭烟是生成量与氧化量之差。

4.可溶性有机物的吸附与凝结

柴油机 PM 生成过程的最后阶段,是组成 SOF 的重质有机化合物在燃气从汽缸内排出并被空气稀释时,通过吸附和凝结向排气中的 DS 覆盖。若柴油机排气中未燃 HC 的含量高,则冷凝作用就强烈。当然,最容易凝结的是未燃燃油中的重馏分,已经热解但未在燃烧过程中消耗的不完全燃烧有机物,以及窜入燃烧室中的润滑油。

为了减少由润滑油造成的 PM 排放,应在保证发动机工作可靠性的前提下,尽可能降低润滑油的消耗。来自燃油的 SOF 与柴油机未燃 HC 的排放有关,减少 HC 的排放也会使 SOF 的排放量降低。但是,降低柴油机 PM 排放问题的核心是减少 DS 的生成,而由于 DS 生成的重要条件是燃料在高温下严重缺氧,所以,改善柴油机的油气混合均匀性,使燃烧室内任意一点的过量空气系数均大于 0.6,是降低 DS 排放量的最重要措施。

简而言之,柴油机的颗粒物生成是"高温缺氧成核,低温聚合成烟"。

二、柴油车颗粒物超标的检查方法

出现颗粒物(PM)超标的原因很多(见第七章第一节),关键是要结合柴油车本身的技术状况,本着"先易后难,逐步进行"的原则,逐步进行排查,找出问题的根源予以排除。

(1)保证进气通畅,清洁空气滤清器滤芯及进气道内的污物,检查涡轮增压器是否漏油或存在机械故障。

(2)检查喷油泵及喷油器的工作压力及雾化效果。

(3)鉴别柴油质量好坏。以 0 号柴油为例,一看颜色:合格的是淡黄色或黄色,且清澈透明。二闻味道:合格的有油腻味或刺激性气味,若有酸味、哈喇味即不合格。三看密度:常温下 0 号柴油的相对密度为 0.85 左右,可通过密度计检测。密度过高易燃烧不完、冒黑烟、产生积炭,密度过低易产生爆震加速无力,发动机工作中有上述现象可初步判断柴油质量有问题。四查闪点:国家标准 0 号柴油要求闪点为 55℃(闭口),可用闪点仪检查测定,简单方法可取少量柴油放入杯中,在太阳光下观察,若闪点较低时,可以看到油品挥发出来的大量烟气即为不合格。五看凝点:0 号柴油凝点,冬季气温在 0℃ 以上出现油管冻结堵塞、熄火即可判定 0 号柴油不合格。

凡是使用了劣质柴油,环保检测不可能达标,故需要彻底清洁燃油箱更换符合标准的柴油。

三、柴油车颗粒物超标治理

当前大多数使用者为解决颗粒物超标问题都会采用购买一瓶柴油消烟剂加入燃料中的方法,虽然烟度有所降低,但仍然存在一些问题。最好的方法应该是从如何提高柴油发动机的技术状况着手,坚持维护,按照 GB/T 18344—2016 标准使柴油车随时处于最佳状态下工作,从而大幅度降低尾气排放的烟度,达到治标治本的目的。

在治理中可以通过柴油发动机工作时表现出来的特征,对症处理均能收到良好的效果。

1. 排气管连续冒黑烟

这是柴油机汽缸内燃烧不完全所致,其原因有:

(1)空气滤清器脏污造成进气不畅。

(2)供油开始时间过迟。

(3)喷油器的喷射质量严重恶化。

(4)活塞环与汽缸壁磨损,气体渗漏增多。

(5)配气机构磨损,使气门升程高度降低,时间推迟,致使进气量减少和排气不干净。

在判定故障时,若观察到排出黑烟中伴有排油、排火的情况,说明喷油器喷射质量差,应拆下各缸喷油器在试验台上校正。若观察到排出黑烟中伴有蓝烟,且曲轴箱通过装置管口冒烟,说明烧机油,应拆卸喷油器检查各缸气压,正常汽缸压力应不低于标准的80%。否则应更换活塞环,严重时还应更换汽缸套、活塞组件。经上述检查若情况良好,可拆下空气滤清器总成,起动发动机观察有无黑烟排出,如无黑烟则应清洁空气滤清器滤芯或更换滤芯。若仍有黑烟排出,说明供油过迟。若供油开始时间正常,则表明是气门升程高度降低所造成。另外喷油泵调试不当使供油量过多,燃烧不完全,发动机冷却不足,温度过高也会造成发动机冒黑烟。

2. 排气管断续冒黑烟

产生这种现象表明是柴油机个别汽缸燃烧不完全所致,我们可以采用断油法找出冒黑烟的汽缸,即逐缸切断喷油泵到喷油器的高压管路停止该缸工作,观察尾气情况变化,若黑烟在断某缸后消失,则为该缸的喷油器必须检查调整或更换新件。

另外汽缸密封性不好,喷油泵的供油时间过迟也会引起这一现象,必须综合考虑,总之为防止柴油车冒黑烟,作为使用者应做好对车辆的日常维护工作,维修企业(M 站)要按规范完成维护项目,特别是要做好以下几个方面的工作:

(1)清洗三滤:空气滤清器、柴油滤清器、机油滤清器。

(2)燃油供给系统:定期清除油箱内的沉积物、杂质、水分和胶状物,定期校准高压油泵和喷油器的喷油时间和喷油量。

(3)检查汽缸的密封性,保证足够压缩压力。

(4)保持发动机工作温度正常,若冷却不好,散热不良将造成发动机过热而出现早燃现象,同时也导致进气量减少,混合气不能完全燃烧造成尾气排黑烟。

(5)检查和诊断柴油机后处理系统有无故障,并按不同的故障类型予以排除。

第七节　柴油机后处理系统的检查与治理

无论柴油发动机机械结构如何完善,燃油系统和电子控制系统功能多么强大,燃烧过程多么充分,从发动机燃烧室经排气歧管排出来的废气中都会含有一些对环境和人体有害的物质,因此对柴油机尾气排放控制即后处理系统的研发与运用逐渐增多,特别是重型柴油车。后处理系统的主要功能是降低柴油发动机排放到大气中的有害物质,特别是 PM 和 NO_x 这两种最主要的污染物。

一、柴油机后处理类型

目前柴油机后处理技术主要是两种技术路线。

(1)优化燃烧 + SCR(选择性氧化催化还原)技术路线,简称 SCR 路线。依据柴油品质、制造成本和排放标准限值等多方面的因素考虑,我国生产的柴油车(客车、载重货车)的后处理系统采用 SCR 系统,其组成如图 7-1 所示。

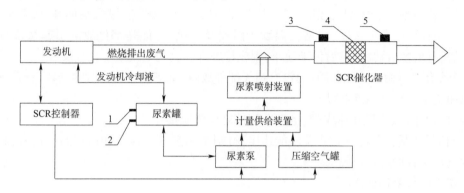

图 7-1　SCR 系统组成

1-液位传感器;2-温度传感器;3-催化器入口排气温度传感器;4-SCR 催化剂;5-催化器出口排气温度传感器

该系统的基本原理是通过优化柴油发动机缸内燃烧过程,使废气中的 CO 和 HC 及颗粒物(PM)得到有效控制并达到法规要求,最后对发动机排出尾气中含量较高的氮氧化合物(NO_x)通过专门的车载后处理系统进行技术处理,以满足排放要求。目前依维柯、梅赛德斯 – 奔驰、雷诺以及沃尔沃公司生产的载货汽车为了减少尾气中有害成分的排放均采用了 SCR 技术路线。

(2)EGR + DOC/DPF(废气再循环 + 柴油机氧化催化器/柴油机颗粒物捕集器)技术路线。其中以"EGR + DPF(废气再循环 + 柴油机颗粒捕集器)"应用最广泛,简称 EGR 线路。EGR 系统的组成如图 7-2 所示。

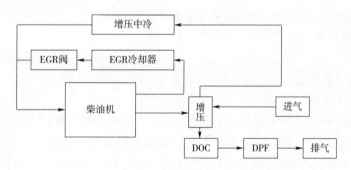

图 7-2　EGR 系统组成

该系统的基本原理是让柴油机排气中的少部分废气经 EGR 阀进入进气系统与混合气融合后进入汽缸,降低汽缸燃烧温度,对 NO_x 进行了抑制,从而降低了废气中的 NO_x 含量,而废气中的炭烟又通 DPF 的过滤体对 PM 进行过滤处理,降低废气中炭烟颗粒的排放量。

二、后处理系统故障的检查

1. 尿素压力建立失败故障

(1)用解码器读取故障码,确定故障点,关注压力建立(简称建压)相关功能和建压相关部件,如喷嘴、反向阀、尿素泵、加热继电器、加热电阻丝、排温传感器、尿素箱温度传感器等有无故障。寒冷地区应首先检查尿素加热部件,保证尿素加热功能正常。

(2)若没有建压相关功能故障,只有相关部件故障,则应检查喷嘴、反向阀、尿素泵、加热继电器、电阻丝、排温传感器、尿素箱温度传感器及线束,可能是部件故障引起系统没有建压,可以断电重新启动,重启后仍未建压,则应检查部件之间的线束是否接反。

(3)若有建压相关功能故障,而没有相关部件故障,则应检查尿素管的安装,查看有无尿素泄漏和堵塞,排除后尝试建压。

(4)断电重启,系统建压失败,则考虑部件之间线束接反了。

(5)信号质量也可能导致系统不能建压,特别是尿素液位信号和尿素温度信号,必要时可以检查标定数据是否正确。

2. 尿素消耗量偏少故障

正常状态下,尿素消耗量为燃油消耗量的5%左右。

(1)用解码器读取故障码,确定故障点,关注建压相关功能和相关部件有无故障。

(2)若尿素建压失败,则按前面所述进行检查,若建压成功则应检查尿素喷嘴,拆下喷嘴观察喷射是否正常,因机械卡死是诊断不出来的。

(3)询问车辆运行情况,若车辆大部分时间是在低负荷区运行,则会导致排温偏低,则尿素喷射不放行(最低200℃)。

(4)进一步检查线束,看部件之间的线束有无接反现象,必要时检查标定数据。

3. 尿素加热不放行故障

(1)用解码器读取故障码,确定故障点,重点是尿素加热和环境温度传感器相关故障。

(2)检查环境温度传感器及线束,确定传感器工作是否正常。

(3)检查尿素加热继电器、电磁阀及其线束是否正常。

(4)检查尿素加热电阻及线束、尿素箱加热水路是否正常。

(5)若尿素泵加热报警故障,可断电后重启,故障仍存在,应考虑更换尿素泵,或参考故障诊断手册做进一步排查。

4. 闻到氨气味故障

(1)用解码器读取故障码,确定故障部位,重点是与尿素喷射量相关的故障。

(2)检查转速传感器及线束,转速信号是计算尿素喷射量的依据之一。

(3)检查喷油器,若实际喷油量比设定喷油量少,则引起尿素喷射量相对偏大。

(4)检查进气压力、温度传感器及线束,进气量、排温信号也是计算尿素喷射量的依据之一。

(5)检查尿素压力传感及线束,若尿素压力信号测量值偏差太大,会导致尿素喷射量修正偏大,引起喷射过量。

(6)检查喷嘴及线束,若喷嘴卡死在常开位置,则喷射量超过设定量太多。

(7)必要时检查标定数据,确认发动机原始排放、进气量标定要足够精确。

5. NO_x 转化效率监测不放行故障

(1)用解码器读取故障码,确定故障点,重点是 NO_x 转化效率相关的故障。

(2)检查 NO_x 传感器,确认传感器工作正常,ECU 能读到 NO_x 测量值,且 NO_x 传感器状态为1。

(3)检查尿素喷射的放行条件,包括 SCR 状态在剂量控制模式下,尿素压力 9bar(900kPa)左右,排温在200℃以上,确认尿素喷射放行。

(4)检查尿素喷射状态,确认尿素真的在喷射。

(5)检查环境温度、压力传感器及线束,确认这两个传感器工作正常,环境压力大于900kPa,环境温度大于2℃(温度较低会产生结晶)。

(6)确认发动机工况在合适的范围内且一切正常。

(7)若发动机工况的标定不合理也可能造成 NO_x 转化效率监测不放行,可检查标定数据。

6. NO_x 值测量不准确故障

(1)用解码器读取故障码,确认故障点,重点是与 NO_x 信号相关的故障。

(2)检查 NO_x 传感器和排气管,确认排气管无泄漏,且 NO_x 传感器安装正确,参见 SCR 后处理系统安装规范。

(3)检查 NO_x 传感器线束,并确认通信正常,供电正常。

(4)检查排气背压,因排气背压影响到进入 NO_x 传感器的 NO_x 分子数,使测量失准。

(5)检查废气中的 NO 和 NO_2 的比例,若 NO_2 比例偏高,则测量出的 NO_x 值偏高。

(6)必要时检查标定数据。

三、柴油车尾气治理流程

当柴油车尾气不达标时,应按 I 站(检测站)提供的数据做好记录,按难易程度检查(测)车辆的相关系统,进行必要处置。

(1)必须检查的部位。

①尿素纯度及液面高度、尿素泵及喷嘴和管路状况。

②机油液面高度和冷却液液面高度及状态。

③进气系统状态,确保畅通不泄漏。

④增压器有无漏油现象。

⑤排气系统有无泄漏,发动机是否烧机油。

⑥EGR 阀有无卡滞现象,是否在低转速和全转速条件下关闭阀门。

⑦确认发动机低压油路及柴油滤芯良好无阻塞。

⑧发动机电气线路连接和安装是否完好。

(2)读取发动机故障代码并记录,排除故障码所指故障后清除故障代码。

(3)起动发动机,待运转至正常温度时,检查各缸工作状态,确认汽缸机械状态正常,若不正常应进行必要处置。

(4)再次读取故障码并记录。

①如果出现与传感器和执行器相关的故障代码,则应对这些故障代码所指故障进行处置,并清除故障代码,让电控系统正常,无故障代码出现。

②如果出现与燃油系统(高压油泵燃油计量单元、共轨压力传感器、喷油器电路)相关的故障代码,则需将高压油泵、喷油器拆下进行检测调试维修。

③如果出现与后处理系统相关的故障代码,则应对故障代码所指故障进行处置,并清除故障代码。

(5)保存尾气治理信息、跟踪车辆复检结果。

第八节　三元催化转换器的结构与检修

一、三元催化转换器的结构与工作原理

1.三元催化转换器的结构

三元催化转换器是由壳体、绝热层、载体和催化剂涂层组成。为保证转换器正常工作在壳体上还安装了隔热罩、预热系统、保护系统。

载体是三元催化转换器的核心部件,分金属和陶瓷两种,形状为蜂窝状,现在主要使用400目载体。

催化剂涂层主要是铂(Pt)、铑(Rh)、钯(Pd)和助催化剂二氧化铈(CeO_2)、氧化催化剂三氧化二铝($\gamma - Al_2O_3$)组成,并涂在载体中通气管路的内壁上。

2.三元催化转换器的工作原理

利用贵金属铂(Pt)具有很强的氧化性,可使发动机排出的 HC、CO 继续与排气管中的氧产生化学反应,生成 H_2O 和 CO_2 排出。而铑(Rh)和钯(Pd)具有很强的还原性,能将发动机排出的 NO_x 还原成 N_2 和 O_2 排出。

二、三元催化转换器的损坏形式

(1)高温失活:活性成分在高温烧结后,涂层中的 $\gamma - Al_2O_3$ 会转化成 $\alpha - Al_2O_3$ 导致催化剂失效,但不影响排气,只有环保检测时超标。

(2)载体发生高温烧结:催化器工作温度超过正常温度,使金属载体的极性发生变化,加之高速气流冲击,导致载体高温烧结。通气管路不能导通,使发动机动力下降,严重时无法起动。

(3)化学中毒、结焦与堵塞:主要是燃油中的可逆吸附物或含碳的沉积物导致催化器载体孔堵塞,对车辆动力性影响较大。

可逆吸附物是指燃油及润滑油中的铅、硫、磷、汞、铜、锌及碳粒等在高温下形成的产物。

(4)机械损伤:热冲击和物理破碎导致催化器机械损伤。

三、三元催化转换器的检修

现代很多汽车特别是闭环控制燃油喷射系统的电喷发动机汽车都配备了三元催化转换器,如图 7-3 所示。

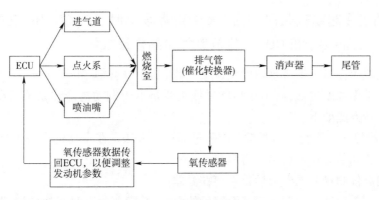

图 7-3　闭环电喷控制系统

三元催化转换器性能的判别可以通过以下方法进行。

（1）敲击催化壳体：用木质榔头或橡胶手锤轻敲外壳，观察是否有脱落响动声。有响声表明隔热层或载体脱落而损坏。

（2）看催化器外壳：检查有无撞击变形，有变形表明内部受损。

（3）怠速试验法：用尾气分析仪测量怠速时尾气中的 CO 含量，应接近于 0，最大值不应超过 0.3%，否则催化器可能损坏。

（4）稳态工况试验法：发动机缓慢加速，同时观察尾气分析仪上 CO 和 HC 的读数，当转速加到 2500r/min 并稳定在这一转速时，CO 和 HC 的读数应缓慢下降，并稳定在接近怠速时的水平，否则催化器可能损坏。

（5）快怠速试验法：用尾气分析仪测量发动机处于快怠速状态下尾气中的 CO 和 HC 含量。若发动机技术状况良好，则 CO 排放量应该在 1.0% 以下，HC 的排放量应该在 100×10^{-6} 以下，若两者均超标，则可临时取下空气泵的出气软管。此时若 CO 和 HC 的读数不变，说明催化器已失效；若读数升高，重新装上软管后读数又下降，则说明燃油喷射系统或点火系统有故障。

（6）温度检测法：发动机工作时，用红外测温仪测量三元催化转换器前、后排气管的温度差，正常工作时三元催化转换器后端比前端温度至少应高出 38℃ 左右，或高出 20% ~25%，温差高说明转换效率高，反之则低，无温差则说明催化器内无氧化反应发生。此时应检查二次空气喷射系统是否有故障，若无故障（管路畅通）则说明催化器已损坏，应更换三元催化转换器。

（7）测量进气歧管真空度法：将废气再循环（EGR）阀上的真空管取下，用堵头将管口堵住，把真空表接到软管上，发动机缓慢加速到 2500r/min，观察表的读数，若真空表读数下降后又回升到原有水平（47.5 ~74.5kPa）能稳定保持 15s，则说明三元催化转换器无堵塞，若读数下降则说明有堵塞。

一旦三元催化转换器发生损坏或失效，应视其具体情况可以通过清洗或更换达到修复的目的。

第九节　汽油发动机尾气排放不合格检修实例

根据五气分析仪的测试，汽油发动机尾气排放不合格分为以下几种情况，下面是具体分析。

一、发动机冷起动较长时间后(大于正常暖机时间),CO、HC 在排放废气中的含量仍很高,而 CO_2、和 NO_x 在排放废气中的含量很低

这种情况说明在氧气供应足量的情况下可燃混合气的燃烧很不充分,而最常见的原因则是发动机的工作温度过低,而工作温度过低主要是由于发动机冷却系统工作异常而引起的。通常的诊断方法如下。

(1)节温器常开。诊断节温器常开故障最简单的方法是在发动机冷起动的情况下:

①用手去感知节温器前后是否有温差;

②通过测温仪测量节温器前后是否存在温差。

正常情况下节温器前温度大于节温器后的温度,并随着运行时间的增加,温差先变大再变小直至温差消失。如果检查后发现节温器前温度和节温器后温度没有温差,并且发动机升温较平时更慢,则可以判断节温器损坏,需更换。

(2)发动机冷却液温度传感器失效。出现该故障时,发动机的故障指示灯应该会点亮,因此一般检测方法为:

①就车检查法,通过发动机诊断仪读取故障代码并起动发动机后读取发动机冷却液温度传感器的动态数据流,该动态数据应该随着发动机运行时间的增加而增大,否则应确认冷却液温度传感器故障,更换此传感器,排除故障。

②拆下发动机温度传感器,将传感器的探头置于热水中,用万用表的电阻挡测量传感器电阻的变化情况。正常情况下,冷却液温度传感器的电阻值应随着水温的降低而增大很快,或者随着水温的升高而降低很快,如不符合上述情况,则应更换此传感器。

二、发动机在正常工作温度下,CO、HC 在排放废气中的含量仍偏高,而 NO_x 在排放废气中的含量正常

这种情况说明可燃混合气燃烧不充分,其根本原因在于燃油供给过多而造成,针对这一原因,其故障诊断方法如下。

1. 燃油系统压力过大

将发动机油泵断油后,起动发动机直至自然熄火,将燃油压力表接入燃油滤清器和喷油器的管路,接通油泵,起动发动机,测试系统油压,正常值应为 0.25MPa,如超过此值,则应排查造成油压过高的原因,即应检查回油管有无变形、油压调节器是否损坏和油泵限压阀是否卡死在关闭位置。

2. 喷油器故障

喷油器存在堵塞,喷油雾化不好,或者喷油器漏油导致燃烧不好,CO 和 HC 排放过高,这种情况一般在清洗喷油器后,故障会消除。

3. 偶发汽缸失火

这种情况会导致没有燃烧的汽油直接排出,因此常能闻到刺鼻的汽油味。

一般发生这种故障时,发动机的故障指示灯会点亮,通过故障诊断仪应能确认故障部位。此时应排查失火汽缸的点火线路和元件的故障,排除点火系故障后,发动机排放将恢复正常。

三、发动机热机情况下,NO$_x$在排放废气中的含量很高,而 CO、HC 和 CO$_2$ 在排放废气中的含量很低

这种情况说明可燃混合气的燃烧温度过高,常见的故障原因是发动机的工作温度过高,而工作温度过高主要是由于发动机冷却系统工作异常而引起的。通常如果出现这种故障,发动机的故障指示灯和水温表的警告灯会点亮,在发动机热机情况下诊断方法如下。

(1)冷却液量不足,此故障的诊断方法是:

①发动机停机后 5min,观察膨胀水箱液位,并查看冷却系统是否有泄漏。如果发现有冷却液泄漏,则应仔细查找泄漏部位,修复后,重新加注符合要求的冷却液至适量液位,如果无泄漏,属出车前未检查液位,则加注符合要求的冷却液至适量液位,排除故障。

②如果出车前检查液位正常,停机后未发现有泄漏,此时应当检查发动机润滑油液位和品质,如发现润滑油液位上升或润滑油变质,则应考虑发动机内部泄漏,此时应送维修厂进行发动机整机检漏测试排除故障。

(2)节温器常闭或无法全开,此故障的诊断方法是:

①当发动机故障灯报警时,观察散热器风扇是否工作。

②用手去感知节温器前和节温器后的温度。

③通过测温仪测量节温器前后是否存在温差。正常情况下,发动机故障灯报警,散热风扇应该以最大挡位运行,如散热风扇以小挡位运行或不运行,则说明节温器未打开或未全开。发动机正常工作时,节温器前和节温器后的温度无差异,并随着运行时间的增加温差也不变。如果检查后发现节温器前和节温器后有温差,则是节温器工作不良,应更换节温器。

(3)散热器堵塞,此故障的诊断方法是:

发动机冷却液温度警告灯点亮时,去感知或者测量散热器的温度,正常时应该无温差,如有堵塞,则会发现散热器的温度明显低于发动机机体的温度,此时应该清除堵塞,维修散热器。另外此故障多由于加入了不合格的冷却液所致,因此,应提醒驾驶员加注合格的冷却液。

(4)安装有可变配气相位系统的车辆,如本田轿车 i – VTEC(智能型可变气门正时及升程电子控制系统),该系统是由 VTEC(可变气门正时) + VTC(可变凸轮相位)组成的智能型可变气门正时及升程电子控制系统,VTEC 系统控制发动机在低转速区域和高转速区域时气门正时及气门升程,VTC 系统能根据发动机负荷对气门相位进行连续控制,通过这两个系统对气门升程和气门重叠角进行周密的智能化控制,从而使大功率、低油耗和低排放这三个具有不同要求的特性都能同时得到满足。该系统一旦发生故障会引起 NO$_x$ 排放升高,常见故障的原因是 VTC 机油压力阀出现故障,其诊断方法是:

①通过诊断仪读取故障代码或查看 VTC 机油压力阀的动态数据,如有故障码则调取故障码,必要时查看动态数据流是否随发动机工况的变化而变化,若无变化则可确认为机油压力阀故障。

②根据故障码的指向,用汽车专用万用表根据 ECU 的控制信号测试机油压力阀、机油控制电磁阀、传感器的工作状况,必要时拆检维修或更换。

第十节　柴油机尾气排放不合格检修案例

案例一

车型:大运轻卡,装用江西五十铃发动机。

故障现象:加速缓慢,冒黑烟。

询问记录:故障出现已有20多天,车辆加速无力,冒黑烟,在某修理店(无资质)更换了柴油滤清器,空气流量、进气温度传感器后故障仍未排除。

测试治理过程:

(1)通过技术员原地起动发动机试验,发现进气不足,喷油量过大,排气有阻塞现象,但故障灯无显示。

(2)对进气系统进行泄漏检查,未发现进气系统故障。

(3)检查增压器发现窜油严重,更换后试车,故障依旧。

(4)再对进气系统仔细检查,发现EGR阀处于全开状态,且积炭严重。更换ECR阀试车,故障现象大有改善,但在加油时发动机加速慢且排气管冒黑烟。

(5)将消声器拆除试车,故障消失,因此可以判断排气背压过高导致发动机加速缓慢。

(6)拆下POC(颗粒物氧化催化器)进行全面清洗,重新安装后试车,故障完全排除。

案例提示:

柴油车的维护作业应到正规店进行,使用符合规定的柴油和机油,上述案例中使用劣质机油,造成POC堵塞,使得排气背压升高,EGR阀卡死在全开位置,废气从ECR阀直接回流到进气系统,由于废气压力大于增压压力,使废气反冲而损坏增压器造成故障。

案例二

车型:一汽解放,装用粤威发动机。

故障现象:发动机排黑烟。

询问记录:该车一加油就冒黑烟,已有较长时间,最近被环保道路检测发现尾气超标。

测试治理过程:

(1)经试车检查发现,初步确定为进气系统或喷油器故障。

(2)使用诊断仪进一步检查,故障显示进气压力传感器电压高于上限值,从数据流上看进气压力传感器输出电压一直是5V,电压不随发动机转速变化而变动。因此判断为进气压力传感器损坏或线路故障。

(3)外观检查时发现进气压力传感器连接器3根导线断焊2根,其中一根为搭铁线,另一根为信号线,且信号线绝缘层磨破与供电线连通。

(4)取下传感器重新对断线焊接,并进行绝缘处理。

(5)试车时黑烟消失。

案例提示:

进气压力传感器是ECU计算喷油量大小的重要依据。该车传感器搭铁线断开并与供电线连通造成信号电压高,故ECU判定增压压力高,为保证混合比而加大喷油量,导致过多的柴油进入汽缸,使燃烧不完全从而形成黑烟排出。

案例三

车型:东风日产皮卡车,装用绵阳新晨柴油发动机(ZD25)。

故障现象:烟度测试超标。与车主交流前两次年检正常,第三次年检尾气超标,检测报告反映出的烟度值为(100%)9.27、(80%)1.59,标准值1.2,轮边功率52.0(标准值42.5)。

测试治理过程:

(1)通过技术人员目测发现EGR阀有机油滴出,该车仪表无故障灯显示,用诊断仪做进一步检查,读取到故障代码(新鲜空气进气低于标准值)。

(2)全面检查进气系统发现增压器窜油现象。

(3)拆检EGR阀,发现EGR阀关闭不严,被油泥积炭卡住。

(4)清洗EGR阀,并对共轨系统和排气系统进行清洗。

(5)维修完成后对该车进行自由加速法检测,得得烟度值为0.15(合格),送检测站按原检测方法复检,结果为(100%)0.24、(80%)0.35,轮边功率66.9,各项检测指标均合格。

案例提示:

该车因增压器窜油或喷油器雾化不好使EGR阀产生积炭卡住,造成关闭不严,高速时废气从EGR阀反冲进入进气管道(新鲜空气进气低于标准值),造成燃烧不完全形成黑烟,因DPF(柴油机颗粒物捕集器)能捕捉到50%~80%的炭烟,所以排气管必须清洗。

案例四

车型:成都大运轻型货车,装用江西五十铃发动机,排放标准国四。

故障现象:加速慢、冒黑烟、OBD灯亮,与车主交流,该车为新车,出厂行驶40km左右,OBD灯亮,出现加速慢、冒黑烟。

测试治理过程:

(1)维修人员用测试仪进行检测,故障代码显示1、2、3、4缸油量修正量错误,读取QR码(喷油器补偿码),发现QR码为(AAAAAAA),诊断仪提示为ECU未识别QR码。

(2)重新刷写QR码到ECU中,关闭电源于5min后重起发动机,故障消失。

案例提示:

国四排放标准以上发动机喷油器都带有QR码,ECU按照每个喷油器的QR码在不同工作环境下给喷油器的一个偏移量信号,来校正喷油精度,以修正喷油器各个工作点的喷油脉宽,最终达到喷油参数一致,保证各缸功率一致,燃烧过程充分,动力增加和排放降低。

从上述案例可知,柴油发动机后处理系统类型有多种,由于后处理系统的成本和对燃油消耗量的影响程度不同,欧系和美系采用的后处理技术路线各有差异。废气再循环系统(EGR)和选择性氧化催化还原系统(SCR)都是为了减少氮氧化合物的排放量,DPF(颗粒捕集器)的功能是为了减少发动机炭烟排放量,DOC(柴油机氧化催化器)是为了减少碳氢化合物和一氧化碳的排放量。在治理时应结合该车的技术资料和后处理技术线路进行,并按治理流程操作均能收到良好的治理效果。

第十一节 检验检测机构对机动车排放污染物的治理

为贯彻《中华人民共和国环境保护法》和《中华人民共和国大气污染防治法》,防治机动车和非道路移动机械排气对环境的污染,生态环境部 2018 年第 51 号公告发布三项国家环境保护标准,并由生态环境部与国家市场监督管理总局联合发布,其中有两项涉及汽车污染物排放限值及测量方法(汽油车:GB 18285—2018,柴油车:GB 3847—2018),该标准于 2019 年 5 月 1 日起实施。一是提出了较为严格的污染物排放限值;二是增加了车载诊断系统(OBD)检查规定,对部分现有车辆的 OBD 功能及故障报警处理情况进行检查;三是增加了柴油车 NO_x 测试方法和限值要求,解决了对在用柴油车 NO_x 排放无标准可依的问题;四是规范了排放检测的流程和项目,对外观检查、OBD 检查、污染物排放检测的内容及报送进行相关规定;五是对数据记录、保存和记录的内容及时限进行了规范。这是对检验检测机构在环保检验时的要求,对机动车检验机构的场所环境还应符合《检验检测机构资质认定能力评价　检验检测机构通用要求》(RB/T 214—2017)中 4.3 的规定:检验检测机构应确保其工作环境满足检验检测的要求;检验检测机构应将不相容活动的相邻区域进行有效隔离,应采取措施以防止干扰或者交叉污染。

当前检测站基本设有两条以上的环保检测线,不同的车辆类型又有不同的检测方法,检测过程中产生的废气较多,不仅影响检测站的环境,也影响检测人员的身体健康,同时继续造成大气污染。所以必须对检测过程中机动车排放的尾气进行处理,对检测环境进行控制。

目前大多数检测站采用的是传统的排空净化处理装置,即是将废气直接抽排到室外的大气中,根本没有净化功能,不符合《中华人民共和国大气污染防治法》相关条款的规定。

为了防止机动车在环保检测时排放的废气对环境造成污染,应当采取废气净化处理措施,将检测过程中的废气通过收集、喷淋、过滤、吸附、沉淀等进行净化后排到大气中达到排放标准,减少大气污染。现举例废气净化处理装置(JWFBJCLQ 机动车尾气环保检测废气净化处理装置),它实现了环保检测机构场地环境的达标排放要求。

一、JWFBJCLQ 机动车尾气环保检测废气净化处理装置的结构原理

1. 组成和结构

该废气净化处理装置主要由罐体、喷淋组件、活性炭过滤组件、吸声机构组成,如图 7-4 所示。

2. 净化原理

通过抽吸被检机动车产生的废气进入罐体下方,并从下方向上方穿过喷淋处理系统,进行预处理,颗粒物落入沉淀池,气流进入上方的活性炭过滤组件再次处理,经二次处理后排入大气中。

如图 7-4 所示,废气进行净化处理装置主要以罐体 1 实现抽集和存储尾气检测过程中产生的废气。在废气上升方向的预定高度位置上,装置至少有一组对废气中较大颗粒物进行预处理的喷淋组件 2,喷淋组件被配置为呈上下分布的两组,适应相邻检测线的水平工位上共用一台废气处理装置,以减少成本,方便现场装置结构布局,在有限的废气上升行程上分离。通过喷淋细密度较高的水,以对废气中存在的较大颗粒物进行冲刷,增加其自重,顺着喷淋水的流动方向伴随下移,实现废气中的气体与较大颗粒物的分离操作。喷淋机构上游设置有对废气中较小颗粒物进行二次处理的活性炭过滤组件 3,并对经喷淋处理后废气中的较小颗粒物进行处理,通过活性炭较强的吸附作用,在气体上升的过程中实现较小颗粒物

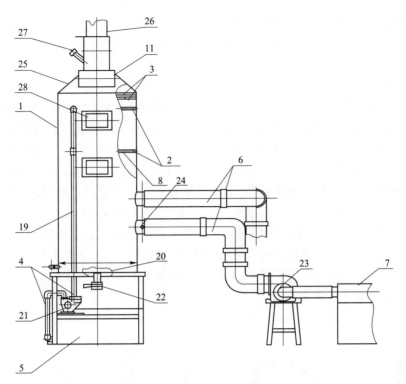

图 7-4　废气净化处理装置

1-罐体;2-喷淋组件;3-活性炭过滤组件;4-水循环组件;5-水箱;6-进气管道;7-尾气检测流量计;8-罐体内的喷头或环状喷管;11-更换窗口;19-进水管道;20-污水沉淀区;21-单相旋涡自吸电泵;22-排污阀;23-离心抽风机;24-进气取样口;25-压盖;26-气体出口;27-排气取样口;28-观察窗口

与废气的分离操作。同时活性炭材料是经过加工处理所得的无定形炭,具有很大的比表面积;对气体、溶液中的无机或有机物质及胶体颗粒等都有良好吸附能力,能有效地去除色度、臭味,可去除二级出水中大多数有机污染物和某些无机物,包含某些有毒的重金属;去除气体中存在的颗粒杂质和上述有害气体,实现对废气回收或处理。罐体还与水循环组件 4、水箱 5、进气管道 6 与相配合的尾气检测流量计 7 一直相连通,水循环组件与水箱的配合,实现对喷淋组件的供水操作。通过进气管道对进入尾气检测流量计的废气进行收集或存储,罐体内的二级废气处理组件对其进行处理达到排放标准和要求。采用二级废气处理组件对尾气检测中心产生的废气进行过滤处理,以使其排放出的气体质量符合要求。喷淋角度以相对应或相补充的方式设置在罐体内的喷头或环状喷管 8,相对水平设置的喷淋组件来说,具有独特优势:其一,可在喷淋过程中实现对罐体部分侧壁的冲刷,以保证清洁度;其二,其通过角度倾斜的设置,使得喷头喷出的水平面显著增大,以贴近罐体内的最大面积;其三,通过相对且具有预定夹角的设置使其喷淋的位置相对应,互相补充,以对罐体的各个角落进行喷淋,实现全方位的分离操作。采用这种方案的喷淋组件具有优势互补,作用面大,分离效果明显,结构简单。活性炭过滤组件的安装机构 9 对活性炭过滤机构进行支撑固定,通过预定间距的设置,有效地隔绝部分水气保证其工作环境的稳定性,进而延长其使用寿命。多个活性炭过滤机构 10(图 7-5)通过活性炭的物理作用,实现对细小颗粒物及废气的过滤,以保证排出的空气质量符合要求,同时通过可拆卸的方式设置,便于其后期实时更换。通过更换窗口 11 的材质设置(如亚克力透明材质)或打开窗口对活性炭的工作状态进行实时观察,并在使用效果达不到要求时,对其进行实时更换,以保证其具有最佳的工作状态。各插接口相配合的活性炭板 14,被配置为采用排列规整的晶体碳或采用优质木屑、椰壳等为原料,经粉碎、混合、挤压、成型、干燥、炭化、活化而制成的柱状炭,以在保证其分离处理效果的同时,便于集成、管理和更换。钢网 15 对板状或柱状的活性炭进行集成以构成整体的板状,以及设置在钢网一端进而与插接口相配合的固定端 16 与插接口相配合,实现对炭板的固定。柔性折弯部 17 在炭板插入完成后,通过折弯部将其卡在插接口的卡槽 18 内。通过插接口上设置与柔性折弯部相配合的卡槽,倾斜结构的插接口设计使得活性炭板退出时更加容易,插接口的设置可大于固定端,以在退出操作时,下推活性炭板折弯部退出卡槽后,通过移动固定端的位置使折弯部与卡槽的位置错口,进而完成活性炭板的取出动作。

如图 7-5 所示,活性炭过滤组件安装的机构包括:安装板 12、多个插接口 13,以使相邻层活性炭机构在空间上呈螺旋状排列,其通过对插接口的角度设置,使得各层的活性炭板在排布后能在空间上相互对应,呈螺旋排布,以使废气停留的时间较长,在废气上升速度较大的时候,其吸附能力能满足排放要求。

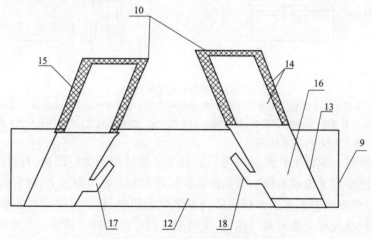

图 7-5　活性炭过滤组件结构示意图

10-多个活性炭过滤机构;12-至少两层安装板;13-多个插接口;14-活性炭板;15-钢网;16-固定端;17-柔性折弯部;18-卡槽

进水管道 19 为水的传输通道,实现水的输送。设置在喷淋组件下方的污水沉淀区 20 对经冲刷带有大颗粒物的水进行分离处理,其上方经沉淀的清水可通过管道输送至水箱进行二次循环利用,也可以通过在下端设置水处理过滤组件对水进行去污处理,使大颗粒物沉淀留在污水沉淀区,经处理后的清水通过排水管与水箱进行连通,实现循环。水处理过滤组件可以采用预定孔径的滤网,也可以使用活性炭或其他污水处理机构以实现污水处理。水箱被设置在罐体底部或一侧,且与污水沉淀区连通,其连通方式可以是与上方经沉淀的清水进行连通,也可以是通过下方的排水管实现连通。进水管道上设置有单相旋涡自吸电泵 21 保证其输送水的能力,以使其压力符合喷淋的要求。污水沉淀区下端设置有排污阀 22 对处理后或经沉淀后的污浊废水进行处理。进气管道在与各尾气检测流量计连接的位置上设置有离心抽风机 23 将尾气抽入至罐体内,实现对废气的处理和收集;进气管道被配置为可延展的波纹管,可根据需要对其位置进行拉伸,以保证不同停放位置的车辆或不同位置的尾气检测流量计的收集需要;进气管在靠近罐体或尾气检测流量计的一侧设置有进气取样口24,在不同工况下对废气进行抽样检测,为检测本装置进行废气处理后的排放是否符合要求,提供数据参照,以便于对装置的工况进行获取,方便对其进行定期维护或更换。罐体顶部的压盖25将排放的气体进行集中。压盖上端设置有气体出口26,气体出口上设置有排气取样口27,其用于对集中排放的气体进行采集,以保证其检测精度,进而判断设备在废气处理过程中是否达到预定要求,进一步判断是否需要对内部设备进行维护和更换。罐体上部设置有与喷淋组件的各安装位相配合的观察窗口28,其可以对喷淋组件的工况进行获取,查看其是否存在堵塞,以便于对其进行实时监控,便于日常维护。同时观察窗口的边缘上设置有密封条,以保证工作环境符合要求,并保证产品结构的稳定性,密封条的结构可被设置成楔形状(如图钉状、锥形状、梯形状等),且其内部结构被设置为中空,以使其具有优异的弹性,采用这种方案通过在罐体上设置两个可以根据需要打开的观察孔,对里面的喷淋装置进行角度调整,以保证其使用过程中喷淋的稳定性能,并且可以通过观察孔,观察内部耗材的使用情况。

如图7-6所示,进气管道在与离心抽风机相配合的位置上设置有吸声机构29,对离心抽风机产生的噪声以及废气传输过程中的噪声进行部分吸收,以保证环境噪声满足需要。吸声机构被配置为具有与进气管道端部相配合的折弯卡合部30,将吸声机构卡设在进气管一端,伸入进气管道的吸声端31吸收废气在传输过程中的大部分噪声。与进气管道侧壁相配合的柔性管,其用于与进气管道配合,防止其直径过小,设置在柔性管的吸声层32吸收废气传输过程中产生的噪声。多组吸声网33呈螺旋排布,增加废气在其内部停留的时间,进而保证吸声效果。各组吸声网均被配置为具有预定柔软度的钢丝网34,钢丝网上设置有

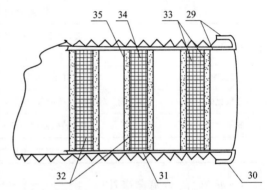

图7-6 吸音机构的结构示意图
29-吸声机构;30-折弯卡合部;31-吸声端,32-吸声层;
33-多组吸声网;34-钢丝网;35-隔声棉布

隔声棉布35,吸声网在吸收噪声的同时,也可以部分去除大颗粒的杂质。吸声层呈丝瓜网状结构,可以通过其内部的孔径构成吸声腔体,实现吸声效果。

另外在流量计与抽风机之间安装一支负压表,方便监测其管内的负压值,在抽风机与进气管道上配置一个可控制抽气量的阀门。一旦出现负压即可通过阀门减少抽风量,以保证流量计及检测设备的正常工作。

二、环保检测废气净化处理装置的实用效果

(1)该装置能够通过进气管道将尾气检测过程中产生的尾气进行收集并存储至罐体内,通过罐体内设置的喷淋组件对收集后废气中的较大颗粒物进行喷淋处理,以使其颗粒物质量显著增加,并顺着喷淋产生的水向下流至罐体内,通过活性炭过滤组件对上升废气中的较小颗粒物进行收集,以使其排放后的气体符合要求,以适应不同检测工况下的尾气收集,进而保证检测线场地环境符合要求,同时保证检测人员免受废气对人体的伤害。

（2）该装置通过水循环组件结构，使得通过喷淋冲刷下来的较大颗粒物可以进行收集，并在固定时间对其进行清理，同时对过滤的水进行循环使用，以使其更加节能环保。

（3）该装置通过对进气管道上设置吸声机构，以使得其在收集尾气过程中能吸通过抽风机产生的噪声，同时对废气中的大颗粒物进行部分处理，进而使得后期罐体内的废气处理能力加强，具有更好的处理效果。

三、环保检测废气净化处理装置现场测试简介

绵阳市环境监测中心站于 2018 年 3 月 27 日通过 LH – 7 型烟尘采样器 007 与海纳 3012 自动烟尘/气测试仪 447 配合，采用固定污染源排气中颗粒物与气态污染物采样方法对颗粒物进行测定；通过海纳 3012 自动烟尘/气测试仪 445、446 配合，采用定电位电解法，对二氧化硫、氮氧化物进行测定；而且还对净化装置设备的形状提出了要求，以及对风速风向测试设备、环境水压测试设备的净化提出了更高要求。监测结果《绵阳市环境检测中心站监测报告》（绵环监字〔2018〕第 030 号）评价标准符合《大气污染综合排放标准》（GB 16297—1996）要求，具体测试要求见表 7-1 和表 7-2。

污染物排放限值要求 表 7-1

污 染 物	最高允许排放浓度（mg/m^3）	最高允许排放速率（kg/h）	
		排气筒（m）	二级
颗粒物	120（其他）	7	0.38
二氧化硫	550（硫、二氧化硫、硫酸和其他含硫化合物使用）	7	0.28
氮氧化物	240（硝酸使用和其他）	7	0.08

最终净化检测指标要求 表 7-2

采样位置	监测项目	监测结果				
		第一次取样	第二次取样	第三次取样	平均值	评价
进气取样口	烟道气流量（m^3/h）	466	469	463	466	—
	颗粒物浓度（mg/m^3）	37.85	39.46	39.49	38.94	
	颗粒物排放量（kg/h）	1.76×10^{-2}	1.85×10^{-2}	1.83×10^{-2}	1.81×10^{-2}	
	二氧化硫浓度（mg/m^3）	29	30	94	51	
	二氧化硫排放量（kg/h）	1.35×10^{-2}	1.40×10^{-2}	4.38×10^{-2}	2.38×10^{-2}	
	氮氧化物浓度（mg/m^3）	145	182	223	183	
	氮氧化物排放量（kg/h）	6.76×10^{-2}	8.48×10^{-2}	0.10	8.54×10^{-2}	—
排气取样口	烟道气流量（m^3/h）	461	474	425	453	达标
	颗粒物浓度（mg/m^3）	26.39	27.72	26.74	26.95	达标
	颗粒物排放量（kg/h）	1.22×10^{-2}	1.31×10^{-2}	1.14×10^{-2}	1.22×10^{-2}	达标
	二氧化硫浓度（mg/m^3）	13	10	45	23	达标
	二氧化硫排放量（kg/h）	5.89×10^{-3}	4.53×10^{-3}	2.04×10^{-3}	1.03×10^{-2}	达标
	氮氧化物浓度（mg/m^3）	146	170	203	173	达标
	氮氧化物排放量（kg/h）	6.61×10^{-2}	7.7×10^{-2}	9.20×10^{-2}	7.84×10^{-2}	达标

　　通过试验测定结果可以看到,在数据处理和净化检测指标要求上,该装置可以直接处理和降解有害物质,因而提高了净化处理装置的净化效率。它完全可以被适用于各种适合本装置的领域。该装置已申请了专利(专利号 ZL201821485423.7),并实际运用在汽车环保检测过程中,对废气进行净化处理,其排放测试已达到国家相关排放标准要求。

参 考 文 献

[1] 张力军. 机动车污染控制排放标准[M]. 北京:中国环境科学出版社,2010.

[2] 韩应键. 机动车排气污染物检测培训教程[M]. 2 版. 北京:中国质检出版社/中国标准出版社,2013.

[3] 鲍晓峰,等. 柴油车环保达标监管[M]. 北京:中国环境出版社,2015.

[4] 龚金科,汽车排放及控制技术[M]. 2 版. 北京:人民交通出版社,2011.

[5] 张欣. 车用发动机排放污染与控制[M]. 北京:北京交通大学出版社,2014.

[6] 周庆辉. 现代汽车排放控制技术[M]. 北京:北京大学出版社,2010.

[7] 周松,等. 内燃机排放与污染控制[M]. 北京:北京航空航天大学出版社,2010.

[8] 张翠平,王铁. 内燃机排放与控制[M]. 北京:机械工业出版社,2012.

[9] 徐晓美,万亦强. 汽车试验学[M]. 北京:机械工业出版社,2013.

[10] 郝吉明,等. 城市机动车排放污染控制[M]. 北京:中国环境科学出版社,2000.

[11] 冯晓,陈思龙,赵琦. 道路机动车污染测评技术与方法[M]. 北京:人民交通出版社,2003.

[12] 严兆大. 热能与动力工程测试技术[M]. 北京:机械工业出版社,2005.

[13] 王建昕,傅立新,黎维彬. 汽车排气污染治理及催化转化器[M]. 北京:化学工业出版社,2000.

[14] 全国法制计量管理计量技术委员会. 汽车排气污染物监测用底盘测功机校准规范:JJF 1221—2009[S]. 北京:中国质检出版社,2009.

[15] 全国法制计量管理计量技术委员会. 汽油车稳态加载污染物排放检测系统校准规范:JJF 1227—2009[S]. 北京:中国质检出版社,2009.

[16] 全国法制计量管理计量技术委员会. 汽车排放气体测试仪检定规程:JJG 688—2007[S]. 北京:中国质检出版社,2008.

[17] 全国光学计量技术委员会. 透射式烟度计检定规程:JJG 976—2010[S]. 北京:中国质检出版社,2010.

[18] 中华人民共和国国家环境保护部. 在用柴油车排气污染物测量方法及技术要求(遥感检测法):HJ 845—2017[S]. 北京:中国环境出版社,2017.

[19] 李兴虎. 柴油车排气后处理技术[M]. 北京:国防工业出版社,2016.

[20] 郭建梁. 柴油发动机高压共轨电控系统原理与故障检修[M]. 北京:机械工业出版社,2012.

[21] 正德支邦科技有限公司. SCR 后处理尿素溶液介绍[EB/OL]. http://wwwe. 360doc. com/cntent/16/1118/23/38162292607669493. shtml.

[22] Bosch 公司. 汽油机管理系统[M]. 吴森,译. 北京:北京理工大学出版社,2002.